近代物理实验

主　编◎袁慧敏　谭　霞

副主编◎沙　贝　步红霞　王文静　姬长建

中国财经出版传媒集团

经济科学出版社

Economic Science Press

·北京·

图书在版编目（CIP）数据

近代物理实验/袁慧敏，谭霞主编. -- 北京：经济科学出版社，2023.9

ISBN 978 - 7 - 5218 - 5251 - 6

Ⅰ.①近… Ⅱ.①袁…②谭… Ⅲ.①物理学 - 实验 - 教材 Ⅳ.①O41 - 33

中国国家版本馆 CIP 数据核字（2023）第 196113 号

责任编辑：于 源 侯雅琦
责任校对：王肖楠
责任印制：范 艳

近代物理实验

主 编 袁慧敏 谭 霞

副主编 沙 贝 步红霞 王文静 姬长建

经济科学出版社出版、发行 新华书店经销

社址：北京市海淀区阜成路甲 28 号 邮编：100142

总编部电话：010 - 88191217 发行部电话：010 - 88191522

网址：www. esp. com. cn

电子邮箱：esp@ esp. com. cn

天猫网店：经济科学出版社旗舰店

网址：http：//jjkxcbs. tmall. com

北京密兴印刷有限公司印装

710×1000 16 开 12.25 印张 190000 字

2023 年 9 月第 1 版 2023 年 9 月第 1 次印刷

ISBN 978 - 7 - 5218 - 5251 - 6 定价：45.00 元

编　委　会

目　　录

实验一

高温超导转变温度测量实验

1908 年，海克·卡末林·昂内斯（Heike Kamerlingh Onnes）成功将氦液化，得到 4.2 开尔文（Kelvins K）的低温，并研究汞在此温区的电阻率变化。1911 年，昂内斯用液氦冷却水银线并通以几毫安电流测量其端电压时发现在 4.2K 附近汞的电阻突然降为零，这种现象被称为超导现象。昂内斯因为成功将氦液化并发现汞的超导态而获得 1913 年诺贝尔物理学奖。全世界科学界掀起了高温超导电性的研究热潮，并迅速将超导临界温度提高到 100K 以上，使超导的使用温区提高到了液氮温度（约 77.4K）以上，这类超导体被称为"高温超导"。至今，人们一直为提高超导材料的临界温度而努力。

【实验目的】

◇ 了解高临界温度超导材料的基本特性及其测试方法。
◇ 了解金属电阻的伏安特性随温度的变化。
◇ 了解超导样品温度升降的控制方法。

【实验原理】

1. 临界温度

超导体具有零电阻效应，通常把外部条件（磁场、电流、应力等）维持在足够低值时电阻突然变为零的温度称为超导临界温度。超导材料发生正常→超导转变时，电阻的变化是在一定的温度间隔中发生的，并不是突然变为零，而是变化较快，如图 1 − 1 所示。起始温度 T_s（Onset Point）为 R − T 曲线开始偏离线性所对应的温度；中点温度 T_m（Mid Point）为电阻下降至起始温度电阻 R_s 的一半时的温度；零电阻温度 T 为电阻降至零时的温度。而转变宽度 ΔT 定义为 R_s 下降到 90% 及 10% 所对应的温度间隔（零电阻及零电阻温度与流过样品的电流大小等因素有关）。

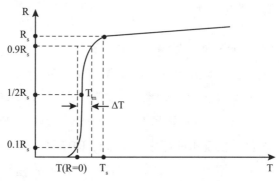

图 1 − 1　超导材料的电阻温度曲线

资料来源：谭伟石：《近代物理实验》，南京大学出版社 2013 年版。

本实验用逐点测量法来获得高温超导材料的电阻与温度的关系曲线，并判断零电阻的温度。

2. 四端子法测量

为消除测量引线对测量结果的影响，常采用图 1 − 2 所示的四端子接线法。样品边缘两电极引线与直流恒流电源相连，中间两电极引线连至数字直流微伏计，用来检测样品的电压。按此接法，测量引线电阻及电极和样品的接触电阻与电压测量无关。由于电压测量回路的高输入阻抗特性，吸收电流极小，因此能避免引线和接触电阻给测量带来的影响。由此测得电极电压除以流过样品的电流，即为样品电极间的电阻：$R_x = \dfrac{U_x}{I} = \dfrac{U_x}{U_n}R_n$。

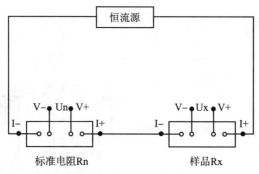

图1-2　四端子接线法

资料来源：高铁军、孟祥省、王书运：《近代物理实验》，科学出版社2017年版。

3. 温度测量及控制降温速率

温度的测量是低温物理中基本的测量，是超导性能测量的必要手段，测量方法在不断增加，准确程度也在逐渐提高。

可用于低温测量的温度计有气体温度计、蒸气压温度计、电阻温度计、热电偶温度计、半导体温度计和磁温度计。根据温区、稳定性及复现性等因素可选择适当的温度计。超导体临界温度的测量中，温度范围为 300～77K，故选用铂电阻温度计作为测量元件。金属铂具有很好的化学稳定性，体积小且易于安装和检测，国际上已用它作为测温标准元件。铂电阻温度计是利用铂的电阻随温度的变化来测量温度的，铂具有正的电阻温度系数，铂电阻在 0℃时的电阻为 $100\ \Omega$。

纯净液氮在一个大气压下的沸点为 77.348K，在 77K 以上直至 300K，常采用温度梯度法：即用贮存液氮的杜瓦容器内液面以上空间存在的温度梯度来自然获取中间温度的一种简便易行的控温方法，样品在液面以上的不同位置可获得不同温度。采用一个紫铜均温块安装 PT100 温度计和样品，再外套紫铜圆筒连接至一根不锈钢拉杆，通过升降拉杆来改变紫铜圆筒下端浸入液氮的深度，用以控制降温速率。

【实验内容和步骤】

实验装置示意图如图 1-3 所示，具体实验步骤如下。

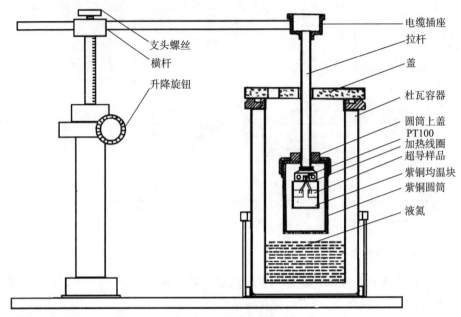

图 1 - 3　实验装置示意

资料来源：由杭州精科仪器有限公司授权。

1. 准备

转动升降旋钮，使紫铜圆筒升至最高位，转动横杆使紫铜圆筒移出杜瓦容器，并拧紧支头螺丝。

2. 校准调零

连接好电缆，开测量仪电源，按屏幕下部"校准调零"按钮，仪器进入校准调零，此过程大约需要 10 秒。

3. 效准

按住"效准/测量"钮，调 PT100 电流为 1mA（Rn = 100Ω，显示 100.00mV），调"效准"旋钮至定值。

PT100 温度计的电阻值对应的温度要查 PT100 电阻分度表（见附表 1 - 1）获取。

4. 设置样品电流

按住"电流/电压"钮，选调样品恒流电流，一般选择恒流电流为

50.00mA（Rn = 100Ω，显示 0.5V），调"样品电流"旋钮至选定值。

5. 记录数据

室温及室温下超导样品的电压值和电阻值。

6. 灌液氮

取下杜瓦容器放至地面，小心缓慢地将液氮倒入杜瓦容器，大约注入容器 1/2 的量，放回杜瓦容器，转横杆使紫铜圆筒移至容器口中央。

注意：使用液氮时一定要注意安全，不要让液氮溅到身体上，也不要把液氮倒在测量仪器或连接线上。

7. 开始实验

转动升降旋钮，使紫铜圆筒平稳下降，直至听到液氮沸腾声并看到大量雾气喷出（此时可判断紫铜圆筒下部已接触液氮），暂停下降紫铜圆筒。

【数据记录与处理】

1. 记录数据

因只能记录 1000 个数据点，故记录数据采用二段方式：

（1）第一段：开始室温至转变温度区前的区间，此阶段测量间隔可长些（可每降温几开测量一次，即按"记录/暂停"两次）；

（2）第二段：快到转变温度区（温度窗显示约 40mV），按"记录/暂停"一次，仪器自动每秒钟测量一次（推荐，可设置）数据，直至电压窗显示为零，即到超导状态，再按"记录/暂停"一次，停止记录数据。

注意：不可过分下降，使紫铜圆筒全部浸入液氮，否则会致使样品降温速率过快，将来不及记录转变温度区间变化极快的数据。若电压窗显示变化太快，可反向转动升降旋钮，升高紫铜圆筒，使下部脱离液氮，以降低降温速率。

样品不断降温，显示温度很低后（30mV），样品电压（电阻）变化开始加快，说明接近起始温度 Ts（R－T 曲线开始偏离线性变化区域），此时可略升高紫铜圆筒，测量间隔为 1 秒测量一次，直至样品电压（电阻）为零。

2. 查数据

样品到达超导状态后，按屏幕"数据查询"按钮，显示一页的二组数据各 9 个（以颜色区分），再按"数据查询"按钮，显示下一页。

3. 作图

按屏幕"数据作图"按钮，立即显示超导材料的电阻温度曲线。

4. 外存数据

仪器面板的 USB 座插入 U 盘，按屏幕"数据保存"按钮，记录的实验数据全部复制到 U 盘，以供在电脑上分析、作图。

注意：关仪器的电源或按两次"返回"按钮，仪器所保存的数据将不保存，新记录数据会覆盖老数据。

5. 电脑作图

把 U 盘上保存的数据拷贝到电脑，用记事本打开，选择所有数据复制到 Excel 表格中，用 Excel 的作图功能进行作图（纵轴为电压，横轴为温度）。

6. 结束处理

转动升降旋钮使紫铜圆筒移出杜瓦容器，待霜全部化为水，揩干后拔下电缆，拧松支头螺丝，取下横杆及紫铜圆筒组件，放到防潮箱保存。处理掉杜瓦容器中的残余液氮，以防事故。

【注意事项】

△ 在室温下正确地测量温度与电阻，注意按超导样品在室温下的电压值来选定其恒流电流（一般选 50mA）。

△ 在注入液氮的杜瓦容器（约 1/2）中逐渐下降含样品的紫铜圆筒，控制降温速率。

△ 从室温开始冷却紫铜圆筒，测量温度与样品电压（电阻），并作记录；注意在接近超导转变温度时，由于转变温度区间宽度 ΔT 较窄，变化很快，可提升一点含样品的紫铜圆筒，以减小降温速率。

△ 所有测量必须在同一次降温过程中完成，应避免紫铜恒温块的温度上

下波动。

　　△ 直至样品电压（电阻）为零（超导状态），按测量仪的"数据作图"，可在显示屏上绘出超导转变的温度图像，也可用 U 盘复制数据，在电脑上进一步分析、作图。

【问题及反思】

1. 如何判断紫铜圆筒是否碰到液氮面？
2. 在"四端子法"测量中，电压与电流的引线是否可以互换？

【附录】

附表 1－1　　　　　　　　　　PT100 电阻分度表

温度（℃）	0	1	2	3	4	5	6	7	8	9
	电阻值（Ω）									
−200	18.52									
−190	22.83	22.40	21.97	21.54	21.11	20.68	20.25	19.82	19.38	18.95
−180	27.10	26.67	26.24	25.82	25.39	24.97	24.54	24.11	23.68	23.25
−170	31.34	30.91	30.49	30.07	29.64	29.22	28.80	28.37	27.95	27.52
−160	35.54	35.12	34.70	34.28	33.86	33.44	33.02	32.60	32.18	31.76
−150	39.72	39.31	38.89	38.47	38.05	37.64	37.22	36.80	36.38	35.96
−140	43.88	43.46	43.05	42.63	42.22	41.80	41.39	40.97	40.56	40.14
−130	48.00	47.59	47.18	46.77	46.36	45.94	45.53	45.12	44.70	44.29
−120	52.11	51.70	51.29	50.88	50.47	50.06	49.65	49.24	48.83	48.42
−110	56.19	55.79	55.38	54.97	54.56	54.15	53.75	53.34	52.93	52.52
−100	60.26	59.85	59.44	59.04	58.63	58.23	57.82	57.41	57.01	56.60
−90	64.30	63.90	63.49	63.09	62.68	62.28	61.88	61.47	61.07	60.66
−80	68.33	67.92	67.52	67.12	66.72	66.31	65.91	65.51	65.11	64.70
−70	72.33	71.93	71.53	71.13	70.73	70.33	69.93	69.53	69.13	68.73
−60	76.33	75.93	75.53	75.13	74.73	74.33	73.93	73.53	73.13	72.73

续表

温度 (℃)	0	1	2	3	4	5	6	7	8	9
	电阻值 (Ω)									
−50	80.31	79.91	79.51	79.11	78.72	78.32	77.92	77.52	77.12	76.73
−40	84.27	83.87	83.48	83.08	82.69	82.29	81.89	81.50	81.10	80.70
−30	88.22	87.83	87.43	87.04	86.64	86.25	85.85	85.46	85.06	84.67
−20	92.16	91.77	91.37	90.98	90.59	90.19	89.80	89.40	89.01	88.62
−10	96.09	95.69	95.30	94.91	94.52	94.12	93.73	93.34	92.95	92.55
0	100.00	99.61	99.22	98.83	98.44	98.04	97.65	97.26	96.87	96.48
0	100.00	100.39	100.78	101.17	101.56	101.95	102.34	102.73	103.12	103.51
10	103.90	104.29	104.68	105.07	105.46	105.85	106.24	106.63	107.02	107.40
20	107.79	108.18	108.57	108.96	109.35	109.73	110.12	110.51	110.90	111.29
30	111.67	112.06	112.45	112.83	113.22	113.61	114.00	114.38	114.77	115.15
40	115.54	115.93	116.31	116.70	117.08	117.47	117.86	118.24	118.63	119.01

资料来源：由杭州精科仪器有限公司授权。

实验二

铁磁材料居里温度测试

居里温度是表征磁性材料性质和特征的重要参量，测量磁导率和居里温度的仪器有很多，如振动样品磁强计、磁天平、磁化强度和居里温度测试仪等，测量方法有感应法、谐振法、电桥法等。本实验利用交流电桥法来测定铁磁材料的居里温度。

【实验目的】

◇ 了解铁磁物质由铁磁性转变为顺磁性的微观机理。

◇ 利用交流电桥法测定铁磁材料样品的居里温度。

◇ 分析实验时加热速率和交流电桥输入信号频率对居里温度测试结果的影响。

【实验仪器】

FD – FMCT – A 铁磁材料居里温度测试实验仪主机两台，手提实验箱一台，示波器（选）。

【实验原理】

1. 铁磁质的磁化规律

由于外加磁场的作用，物质中的状态发生变化，产生新磁场的现象称为磁性。物质的磁性可分为反铁磁性（抗磁性）、顺磁性和铁磁性三种。在铁磁质中相邻电子之间存在着一种很强的"交换耦合"作用，在无外磁场的情况下，它们的自旋磁矩能在一个个微小区域内"自发地"整齐排列起来而形成自发磁化小区域，称为磁畴。磁畴结构包括磁畴和畴壁两部分，一个典型的磁畴体积约为 $10^{-9}\,\mathrm{cm}^3$，畴壁是指磁畴交界处原子磁矩方向逐渐转变的过渡层。在未经磁化的铁磁质中，虽然每一磁畴内部都有确定的自发磁化方向，有很大的磁性，但由于大量磁畴的磁化方向各不相同因而整个铁磁质不显磁性。图 2−1 给出了无外场时磁筹的结构示意。由图 2−1 可见在没有外磁场作用时，在每个磁畴中，原子磁矩已经取向同一方位，但对不同的磁畴其分子磁矩的取向各不相同，磁畴的这种排列方式使磁体处于最小能量的稳定状态。因此，对整个铁磁体来说，任何宏观区域的总磁矩仍然为零，整个磁体不显磁性。线条为畴界，箭头为磁畴的磁化方向。

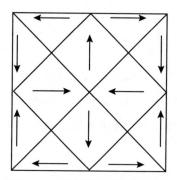

图 2−1　未加磁场时磁畴的结构

资料来源：梁灿彬：《电磁学》，高等教育出版社 2021 年版。

当铁磁质处于外磁场中时，磁矩与外磁场同方向排列的磁畴的磁能低于磁矩与外磁场反向排列的磁畴的磁能。一些自发磁化方向和外磁场方向呈小角度的磁畴，其体积随着外加场的增大而扩大并使磁畴的磁化方向进一步转向外磁场方向；另一些自发磁化方向和外磁场方向呈大角度的磁畴，其体积则逐渐缩小，这时铁磁质对外呈现宏观磁性。再继续增加外磁场，磁矩继续转向外磁场，最后使所有磁畴全部沿外磁场排列，这时磁化达到饱和，图 2−2 是某单晶磁化过程的示意。

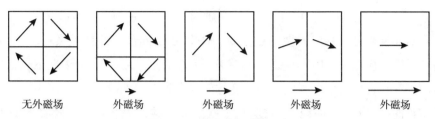

图 2 - 2 单晶磁化过程示意

资料来源：梁灿彬：《电磁学》，高等教育出版社 2021 年版。

由于在每个磁畴中原子磁矩已完全排列整齐，因此具有很强的磁性。这就是为什么铁磁质的磁性比顺磁质强得多的原因。介质里的掺杂和内应力在磁化场去掉后阻碍着磁畴恢复到原来的退磁状态，这是造成磁滞现象的主要原因。铁磁性是与磁畴结构分不开的，当铁磁体受到强烈的震动，或在高温下由于剧烈运动的影响，磁畴便会瓦解，这时与磁畴联系的一系列铁磁性质（如高磁导率、磁滞等）会全部消失。任何铁磁物质都有这样一个临界温度，超过这个温度铁磁性就消失，变为顺磁性，这个临界温度叫作铁磁质的居里温度。

在各种磁介质中，最重要的是以铁为代表的一类磁性很强的物质。在化学元素中，除铁之外，还有过渡族中的其他元素（钴、镍）和某些稀土族元素（如镝、钬）具有铁磁性。然而常用的铁磁质多数是铁和其他金属或非金属组成的合金，以及某些包含铁的氧化物（铁氧体）。铁氧体具有适于更高频率下工作、电阻率高、涡流损耗更低的特性。软磁铁氧体中一种以 Fe_2O_3 为主要成分的氧化物软磁性材料，其一般分子式可表示为 $MO \cdot Fe_2O_3$（尖晶石型铁氧体），其中，M 为二价金属元素，其自发磁化为亚铁磁性。现在以 Ni - Zn 铁氧体等为中心，主要作为磁芯材料。

磁介质的磁化规律可用磁感应强度 B、磁化强度 M 和磁场强度 H 来描述，它们满足以下关系：

$$B = \mu_0(H + M) = (\chi_m + 1)\mu_0 H = \mu_r \mu_0 H = \mu H \qquad (2-1)$$

式（2-1）中，$\mu_0 = 4\pi \times 10^{-7} H/m$ 为真空磁导率，χ_m 为磁化率，μ_r 为相对磁导率，是一个无量纲的系数，μ 为绝对磁导率。对于顺磁性介质，磁化率 $\chi_m > 0$，μ_r 略大于 1；对于抗磁性介质，$\chi_m < 0$，一般 χ_m 的绝对值在

$10^{-5} \sim 10^{-4}$，μ_r 略小于 1；而铁磁性介质的 $\chi_m \gg 1$，所以，$\mu_r \gg 1$。

对非铁磁性的各向同性的磁介质，H 和 B 之间满足线性关系：$B = \mu H$，而铁磁性介质的 μ、B 与 H 之间有着复杂的非线性关系。一般情况下，铁磁质内部存在自发的磁化强度，当温度越低自发磁化强度越大。图 2-3 是典型的磁化曲线（B-H 曲线），它反映了铁磁质的共同磁化特点：随着 H 的增加，开始时 B 缓慢地增加，此时 μ 较小；而后 B 便随 H 的增加急剧增加，μ 也迅速增加；最后随 H 增加，B 趋向于饱和，而此时的 μ 值在到达最大值后又急剧减小。图 2-3 表明了磁导率 μ 是磁场 H 的函数，磁导率 μ 还是温度的函数，当温度升高到某个值时，铁磁质由铁磁状态转变成顺磁状态，所对应的温度就是居里温度 T_C。

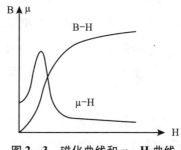

图 2-3 磁化曲线和 μ~H 曲线

资料来源：马磊：《大学物理实验》，重庆大学出版社 2022 年版。

2. 用交流电桥测量居里温度

铁磁材料的居里温度可用任何一种交流电桥测量。交流电桥种类很多，如麦克斯韦电桥、欧文电桥等，但大多数电桥可归结为如图 2-4 所示的四臂阻抗电桥，电桥的四个臂可以是电阻、电容、电感的串联或并联的组合。调节电桥的桥臂参数，使得 CD 两点间的电位差为零，电桥达到平衡，则有：

$$\frac{Z_1}{Z_2} = \frac{Z_3}{Z_4} \qquad (2-2)$$

本实验采用如图 2-5 所示的 RL 交流电桥，在电桥中输入电源由信号发生器提供。

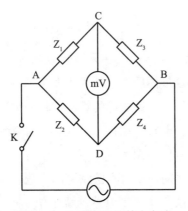

图 2 - 4　交流电桥的基本电路

资料来源：由复旦天欣科教仪器有限企业授权。

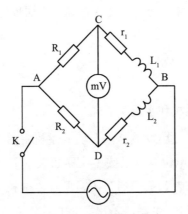

图 2 - 5　RL 交流电桥

资料来源：由复旦天欣科教仪器有限企业授权。

在实验中应适当选择较高的输出频率，ω 为信号发生器的角频率。其中，Z_1 和 Z_2 为纯电阻，Z_3 和 Z_4 为电感（包括电感的线性电阻 r_1 和 r_2，FD - FM-CT - A 型铁磁材料居里温度测试实验仪中还接入了一个可调电阻 R_3），其复阻抗为：

$$Z_1 = R_1, \ Z_2 = R_2, \ Z_3 = r_1 + j\omega L_1, \ Z_4 = r_2 + j\omega L_2 \qquad (2-3)$$

当电桥平衡时有：

$$R_1(r_2 + j\omega L_2) = R_2(r_1 + j\omega L_1) \qquad (2-4)$$

实部与虚部分别相等，得：

$$r_2 = \frac{R_2}{R_1}r_1, \quad L_2 = \frac{R_2}{R_1}L_1 \qquad\qquad (2-5)$$

选择合适的电子元件相匹配，在未放入铁氧体时，可直接使电桥平衡，但当其中一个电感放入铁氧体后，电感大小发生了变化，会引起电桥不平衡。随着温度上升到某一个值时，铁氧体的铁磁性转变为顺磁性，CD 两点间的电位差发生突变并趋于零，电桥又趋向于平衡，这个突变的点对应的温度就是居里温度。可通过桥路电压与温度的关系曲线，求其曲线突变处的温度，并分析研究在升温与降温时的速率对实验结果的影响。

由于被研究的对象铁氧体置于电感的绕组中，被线圈包围，如果加温速度过快，则传感器测试温度将与铁氧体实际温度不同（加温时，铁氧体样品温度可能低于传感器温度），这种滞后现象在实验中必须加以重视。只有在动态平衡的条件下，磁性突变的温度才精确等于居里温度。

【实验内容和步骤】

1. 连接两个实验主机和手提实验箱

"温度输出"——通过 Q9 连接线与实验主机中的"样品温度"连接，右边两个线圈和电阻以及电位器可以按照仪器面板左下"接线示意图"接成交流电桥。"接交流电压表"——通过 Q9 线与"电桥输出"相连，"接信号源"——用 Q9 线与信号发生器"输出"端相连。

2. 调节电桥

打开实验主机，调节电桥输出为合适电压，再反复调节交流电桥上的电位器使电桥平衡。

3. 记录电压

移动电感线圈，露出样品槽，将实验测试铁氧体样品放入线圈中心的加热棒中，将电感线圈移动至固定位置，使铁氧体样品正好处于电感线圈中心，此时电桥不平衡，记录此时交流电压表的读数。

4. 控制加热器，记录电压

打开加热器开关，调节加热速率电位器至合适位置，观察温度传感器数字显示窗口。加热过程中，温度每升高5℃，记录电压表的读数，这个过程要仔细观察电压表的读数。当电压表的读数在每5℃变化较大时，再每隔1℃左右记下电压表的读数，直到将加热器的温度升高到100℃左右为止，关闭加热器开关。

5. 作图

根据记录的数据作U～T图，测量样品的居里温度。

6. 数据分析

测量不同的样品或者分别用升温和降温的办法测量，还可以改变加热速率或信号发生器的频率。分析不同测量方法、加热速率、信号频率对实验结果的影响。

【数据记录与处理】

按照上面实验过程记录数据如下（见表2－1）。

表2－1　　　　　　　铁氧体样品交流电桥输出电压与加热温度关系

T（℃）							
U（V）							
T（℃）							
U（V）							
T（℃）							
U（V）							

1. 测量条件

（1）室温_____℃；

（2）信号频率_____Hz。

2. 根据测量结果作U～T图

从测量曲线可以看出，该铁氧体样品的居里温度在_____℃左右。

同样的方法，可以测量不同样品在不同的信号频率下，不同的加热速率条件以及升温和降温条件下的曲线，分析实验条件对实验结果的影响。

【注意事项】

△ 样品架加热时温度较高，实验时勿用手触碰，以免烫伤。

△ 实验测试过程中，不允许调节信号发生器的幅度，不允许改变电感线圈的位置。

△ 实验时应该将输出信号频率调节在 500Hz 以上，否则电桥输出太小，不容易测量。

△ 加热器加热时注意观察温度变化，不允许超过 120℃，否则容易损坏其他器件。

【问题及反思】

1. 铁磁物质的三个特性是什么？

2. 用磁畴理论解释样品的磁化强度在温度达到居里温度时发生突变的微观机理。

实验三

望远镜实验

【实验目的】

◇ 掌握望远镜成像原理和使用方法。
◇ 制作简单的望远镜。

【实验仪器】

望远镜、透镜、直筒、裁纸刀、胶带等。

【实验原理】

1608 年，荷兰的一位眼镜商汉斯·利珀希（Hans Lipperhey）偶然发现用两块镜片可以看清远处的景物，受此启发，他造出了人类历史上的第一架望远镜。1609 年意大利科学家伽利略·伽利雷（Galileo di Vincenzo Bonaulti de Galilei）发明了 40 倍双镜望远镜，这是第一架投入科学应用的实用望远镜。1611 年，德国天文学家约翰尼斯·开普勒（Johannes Kepler）用两片双凸透镜分别作为物镜和目镜，使放大倍数有了明显的提高，以后人们将这种光学系统称为开普勒式望远镜。

图 3-1 为常见的折射式和反射式望远镜的光学原理。物镜主要的作用是收集入射光，并在焦平面处成像，目镜的作用是对成像做进一步的放大。

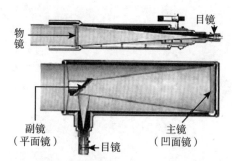

图 3 – 1　折射式望远镜和反射式望远镜的光学原理

资料来源：由北京天狼星锐光学科技有限公司授权。

望远镜的放大率为：望远镜放大倍数（Ω）= 物镜焦距（F）÷ 目镜焦距（f）。例如，物镜焦距是 500mm，目镜焦距是 20mm 时，望远镜的放大倍数为 25 倍。

【实验内容和步骤】

望远镜结构示意如图 3 – 2 所示。

1. 三脚架水平调节

高度调整：根据拍摄内容选择合适的高度。

水平调节：根据三脚架上平面的水平仪，通过调节三脚架的高度进行精细的调整。

2. 调节主镜和寻星镜的光轴平行

如果望远镜带有赤道仪，则必须调节望远镜赤经和赤纬轴平衡（调节平衡锤）。

将望远镜安装完毕后，选择一处比较大的、具有明显特征的建筑目标，如建筑物顶层突出的柱体、空调室外机等，目的是能让主镜容易找到。先用主镜找准被观测物体。

3. 调节寻星镜

转动寻星镜上的三个螺丝，慢慢地调节，把刚才在主镜中心的影像调节至寻星镜十字丝的中心，一定要有耐心，不要心急。

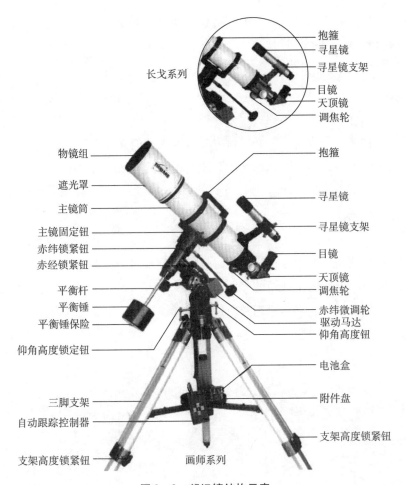

长戈系列

抱箍
寻星镜
寻星镜支架
目镜
天顶镜
调焦轮

物镜组
遮光罩
主镜筒
主镜固定钮
赤纬锁紧钮
赤经锁紧钮
平衡杆
平衡锤
平衡锤保险
仰角高度锁定钮

三脚支架
自动跟踪控制器
支架高度锁紧钮

抱箍
寻星镜
寻星镜支架
目镜
天顶镜
调焦轮
赤纬微调轮
驱动马达
仰角高度钮
电池盒
附件盘
支架高度锁紧钮

画师系列

图 3 - 2　望远镜结构示意

资料来源：由北京天狼星锐光学科技有限公司授权。

以上两个环节的目的只是让两只镜筒光轴平行，而不是观察某个物体。

4. 主镜与巡星镜光轴平行之后，便可以观测目标

具体操作步骤为：

移动到大致位置后，先转动脚架（不要转寻星镜）调平，利用寻星镜内观察瞄准，让被观测物体位于寻星镜的十字中间，后观察主镜。将望远镜移动到大致位置后，通过三脚架进行水平调节（参考 1. 三脚架水平调节），再将被观测物体移动到寻星镜的十字丝中间。如果以上步骤操作无误，被观测物体应出现在主镜的视场中。再调节焦距来观测物体会变得更清晰，这是光轴平行的原因。

【注意事项】

△ 光轴调节完成后，务必保持寻星镜及主镜的光轴固定。

△ 绝对不能在物镜不加遮光膜时用望远镜观看太阳。

【问题及反思】

1. 根据所使用的望远镜描述望远镜的调节及使用步骤。

2. 画出所使用的望远镜的光路图。

3. 根据望远镜的光学原理及所使用望远镜制作简单的望远镜。

实验四

核磁共振实验

当磁矩不为零的原子核处于稳恒磁场中时，稳恒磁场与原子核磁矩之间的相互作用将会导致塞曼效应能级分裂。当相邻塞曼能级之间的能量差恰好与某一频率的电磁波能量相匹配时，将导致原子核对这一频率电磁波的强烈吸收，这就是核磁共振现象。

1946 年，美国哈佛大学教授珀塞尔（E. M. Purcell）和斯坦福大学教授布洛赫（F. Bloch），他们用不同的方法同时发现了核磁共振（Nuclear Magnetic Resonance，NMR）现象，获得了 1952 年的诺贝尔物理学奖。

如今，核磁共振已在物理、化学、生物学、医学和神经学等方面获得了广泛的应用。在研究物质的微观结构方面已形成了一个科学分支——核磁共振波谱学。利用核磁共振成像技术，美国加利福尼亚大学洛杉矶分校的教授们做出了老年痴呆症的脑电图，人们可以清楚地看到老年痴呆症患者大脑灰白质损失从轻微阶段发展到严重阶段的过程。因此，两位研究 NMR 的科学家——保罗·劳特布尔（Paul Lauterbur）和彼德·曼斯菲尔德（Peter Mansfield）一起获得了 2003 年的诺贝尔生理学或医学奖。

【实验目的】

◇ 测定氢核（^{1}H）的核磁共振频率（υ_H），理解 NMR 的基本原理及其条件，精确测定出其恒定外加磁场的大小（B_0）。

◇ 测定氟核（^{19}F）的核磁共振频率（υ_F），测定氟原子的三个重要参数——旋磁比（υ_F）、朗德因子（g_F）、自旋核磁矩（μ_I）。

【实验原理】

本实验以氢核和氟核为研究对象，下面以氢核为例，应用量子力学的理论，阐明核磁共振的基本原理。

概括地说，所谓 NMR，就是自旋核磁矩（μ_I）不为零的原子核，在恒定外磁场的作用下发生塞曼效应能级分裂，这时如果在垂直于外磁场的方向加上高频电磁场（射频场），当射频场的能量（$h\upsilon$）刚好等于原子核两相邻能级的能量差时（ΔE），射频场的能量被原子核吸收，从而产生核磁共振吸收现象。

1. 单个核的核自旋与核磁矩

原子核内所有核子的自旋角动量与轨道角动量的矢量和为 $\vec{P}_I$，其大小为：

$$P_I = \sqrt{I(I+1)}\,\hbar \tag{4-1}$$

其中，I 为核自旋量子数，人们常称之为核自旋，可取 I = 0，1/2，1，3/2，…，对氢核来说，I = 1/2。

由于自旋不为 0 的原子核有磁矩 μ，它和核自旋 P_I 的关系为：

$$\mu = \frac{e}{2m_P} g_N P_I \tag{4-2}$$

其中，m_P 为质子的质量，g_N 为核的朗德因子，它决定于核的内部结构与特性，且是一个无量纲的量。大多数核的 g_N 为正值，少数核的 g_N 为负值，$|g_N|$ 的值在 0.1 ~ 6。对氢核（即质子）来讲，$g_N = 5.585694772$。

把氢核放入外磁场 $\vec{B}$ 中，可取坐标 Z 方向为 $\vec{B}$ 的方向。于是，核磁矩 μ 在外磁场 $\vec{B}$ 方向的投影为：

$$\mu_B = \frac{e}{2m_P} g_N P_{IB} \tag{4-3}$$

P_{IB} 为核的自旋角动量在 B 方向的投影值，由式（4-4）决定：

$$P_{IB} = M\hbar \tag{4-4}$$

其中，M 为自旋磁量子数，M = I，I-1，…，-I。I 一定时，M 共有 2I+1 个取值。

将式（4-4）代入式（4-3）得：

$$\mu_B = \frac{e}{2m_P} g_N M\hbar = \mu_N g_N M \qquad (4-5)$$

其中，$\mu_N = \frac{e\hbar}{2m_P}$，称作核磁子，其数值计算得：$\mu_N = 5.0575866 \times 10^{-27} \text{J/T}$。

通常把 μ_{Bmax} 称作核的磁矩，并记作：

$$\mu = g_N I \mu_N \qquad (4-6)$$

如以 μ_N 为单位 $\mu = g_N I$，实验测出质子的磁矩 $\mu_P = 2.792847386\mu_N$。

核磁矩 μ 与核自旋角动量 P_I 的比值叫作旋磁比（Magnetogyric Ratio），又称磁旋比或回磁比，原子核的旋磁比用 γ_N 表示：$\gamma_N = \frac{|\mu|}{|P_I|}$。

由式（4-2）有：

$$\gamma_N = \frac{e}{2m_P} g_N = \frac{g_N \mu_N}{\hbar} \qquad (4-7)$$

可见，不同的原子核其 γ_N 是不同的，其大小和符号决定于 g_N，也决定于核的内部结构与特性。

2. 核磁矩与恒定外磁场的相互作用能

由电磁学知道，磁矩为 μ 的核在恒定外磁场 B 中具有势能：

$$E = -\vec{\mu} \cdot \vec{B} = -\mu_B B = -g_N \mu_N MB = -\gamma_N \hbar MB \qquad (4-8)$$

两个能级之间的能量差为：

$$E(M_1) - E(M_2) = -g_N \mu_N B(M_1 - M_2) \qquad (4-9)$$

因为氢核的自旋量子数 $I = 1/2$，所以磁量子数 M 只能取两个值，即 $1/2$ 与 $-1/2$。核磁矩在外磁场 B 方向上的投影也只能取两个值：$E_1 = +\frac{1}{2} g_N \mu_N B$（当 $M = -1/2$ 时）；$E_2 = -\frac{1}{2} g_N \mu_N B$（当 $M = 1/2$ 时）。

图 4-1 为氢核能级在外磁场 B 中的分裂。

根据量子力学的选择定则，只有 $\Delta M = \pm 1$ 的两个能级之间才能发生跃迁，两个跃迁能级之间的能量差为：

$$\Delta E = g_N \mu_N B = \gamma_N \hbar B_0 \qquad (4-10)$$

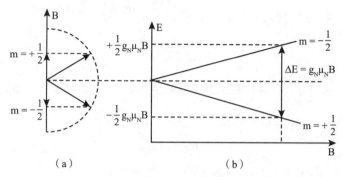

图 4 - 1　氢核能级在外磁场 B 中的分裂

资料来源：高铁军、孟祥省、王书运：《近代物理实验》，科学出版社 2017 年版。

此能量差又称能级的裂距，同一核能级的各相邻子能级（又称塞曼子能级）间的裂距是相等的。从式（4 - 10）和图 4 - 1 可知，相邻子能级间的能量差 ΔE 与外磁场 B_0 的大小成正比。

3. 核磁共振的条件

对于处于恒定外磁场 B_0 的氢核，如果在垂直于恒定外磁场 B_0 的方向上再加一交变电磁场 B_1，就有可能引起氢核在子能级间的跃迁。跃迁的选择定则是磁量子数 M 改变 $\Delta M = \pm 1$。

这样，当交变电磁场 B_1（也称射频磁场）的频率 υ 所相应的能量 $h\upsilon$ 刚好等于氢核两相邻子能级的能量差 ΔE 时，即：

$$h\upsilon_0 = g_N \mu_N B_0 = \gamma_N \hbar B_0 \qquad (4 - 11)$$

氢核就会吸收交变电磁场的能量，由 $M = \dfrac{1}{2}$ 的低能级 E_1 跃迁至 $M = -\dfrac{1}{2}$ 高能级 E_2，这就是核磁共振吸收条件。

由式（4 - 11）可得发生核磁共振的条件：

$$\upsilon_0 = \frac{g_N \mu_N B_0}{h} = \frac{\gamma_N \hbar B_0}{h} = \frac{\gamma_N B_0}{2\pi} \qquad (4 - 12)$$

满足式（4 - 11）的 υ_0 称作共振频率。

如用圆频率 $\omega_0 = 2\pi\upsilon_0$ 表示，则共振条件可表示为

$$\omega_0 = \gamma_N B_0 \qquad (4 - 13)$$

对于氢核，其旋磁比 γ_N 是已知的。由式（4 - 13）可知，核磁共振条件

取决于两个因素：γ_N（或者说 g_N）和外磁场 B。不同的原子核，其 γ_N（或 g_N）值不同，当然（即使 B 一定）其共振频率 υ_0 也不同。这就是用核磁共振方法了解甚至测量原子核某些特性的原因。此外，对同种核而言，若 B 越大，其子能级间的裂距就越大，相应的共振频率 υ_0 也会越大。

4. 核磁共振信号强度的分析

上面讲的是单个氢核在外磁场中核磁共振的基本原理。但实验中所用的样品（水）是大量同类（^{1}H）核的集合，要维持核磁共振吸收的进行，就必须使处于低子能级上的原子核（^{1}H）数多于高子能级的原子核（^{1}H）数。

实际上，在热平衡的状态下，核在两个能级上的分布服从玻尔兹曼分布规律：

$$\frac{N_2}{N_1} = \exp\left(-\frac{\Delta E}{kT}\right) = \exp\left(-\frac{g_N \mu_N B}{kT}\right) \qquad (4-14)$$

其中，N_1 为低子能级上的核数目，N_2 为相邻高子能级上的核数目，ΔE 为两个子能级间的能量差，k 为玻尔兹曼常数，T 为绝对温度。

当 $g_N \mu_N B \ll kT$ 时，式（4-14）可近似地写成：

$$\frac{N_2}{N_1} = 1 - \frac{g_N \mu_N B}{kT} = 1 - \gamma_N \hbar \frac{B}{kT} \qquad (4-15)$$

式（4-15）表明，低能级上的核数目比高能级的核数目要略微多些，所以才能观察到核磁共振信号。

为了对此情况有一个数量概念，具体计算如下：设室温 t = 27℃，则 T = 273 + 27 = 300K。外磁场 B_0 = 1 特斯拉（Tesla，T）。样品为氢核（质子），其旋磁比 γ_N = 2.67522128MHz/T，k = 1.38066 × 10^{-23}J/K。将以上数值代入式（4-15）得：

$$\frac{N_2}{N_1} = 1 - 6.78 \times 10^{-6}$$

或变成：

$$\frac{N_1 - N_2}{N_1} \approx 7 \times 10^{-6} \qquad (4-16)$$

在室温下，每百万个 ^{1}H 核总数中，两个子能级上的 ^{1}H 核数目之差 $N_1 - N_2 \approx 7$ 个，所观察的核磁共振信号完全是由这个核数目差值形成的，核磁共振信号相当微弱。

要想增强核磁共振信号，必须尽可能减小 N_2/N_1 比值，即要求外磁场 B 尽可能地大（早年核磁共振使用的 B 为 1.4T，近年由于超导磁场的使用，B 可达 14T）。

值得指出的是，要想观察到明显的核磁共振信号，仅磁场强些还不行，磁场还必须在样品（^1H）范围内高度均匀，否则磁场无论多么强也观察不到核磁共振信号。原因之一是核磁共振条件由式（4-13）决定，如果磁场不均匀，则样品内各部分的共振频率（ω_0）不同，对某个频率的交变磁场，将只有极少数核参与共振，结果信号被噪声所淹没，难以观察到核磁共振信号。

【实验装置】

本实验使用北京大华无线电仪器厂生产的"核磁共振实验仪"。该仪器由核磁共振探头、电磁铁及磁场调制系统、磁共振仪及高频计数器和示波器组成。实验系统接线如图 4-2 所示。

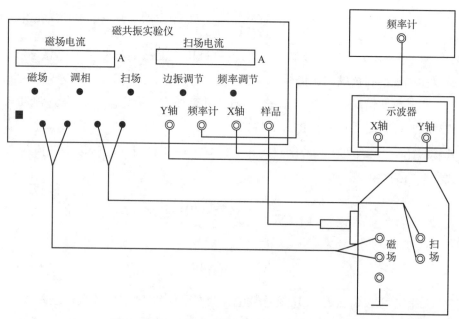

图 4-2 核磁共振系统接线示意

资料来源：冯玉玲、汪剑波、李金华：《近代物理实验》，北京理工大学出版社 2015 年版。

本实验装置的原理如图 4 - 3 所示。电磁铁的激磁电流为 1.5 ~ 2.1A，可使磁场 B 达到几千高斯，数字电压表和电流表使得磁场强度 B 的调节有个直观的显示，恒流源保证了磁场强度的高度稳定。

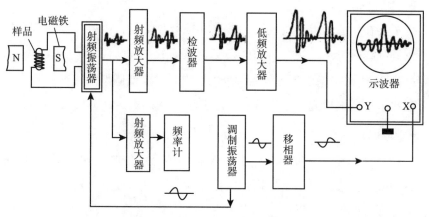

图 4 - 3　核磁共振实验装置原理

资料来源：张孔时、丁慎训：《物理实验教程（近代物理实验部分）》，清华大学出版社 1991 年版。

1. 边缘振荡器

边缘振荡器用来提供射频磁场 B_1，振荡器的频率可以连续调节，其谐振频率由样品线圈的并联电容决定。所谓边缘振荡器是指振荡器被调谐在临界工作状态，这样不仅可以防止核磁共振信号的饱和，而且当样品有微小的能量吸收时，可以引起振荡器的振幅有较大的相对变化，从而提高了检测核磁共振信号的灵敏度。

2. 射频放大器

由边缘振荡器输出的射频信号经放大后，一路输入检波器检波，另一路用以驱动频率计数器，显示输出频率 υ（在十几兆赫范围）。

3. 检波器

放大后的射频信号由检波器变换成直流信号。当射频信号的幅度发生变化时，这一直流信号也会发生变化（即幅度检波），它反映了核磁共振吸收信号的变化规律。

4. 低频放大器

检波后的直流信号很弱（约数百微伏），低频放大器将这一信号放大至足够值后送入示波器的 Y 轴端。

5. 调制线圈

为了能在示波器上连续观测到核磁共振吸收信号，需要在样品所在的空间使用调制线圈来产生一个弱的低频交变磁场 B_m，叠加到稳恒磁场 B 上去，使得样品 ^{1}H 核在交流调制信号的一个周期内，只要调制场的幅度及频率适当就可以在示波器上得到稳定的核磁共振吸收信号。

6. 移相器

移相器（调相）能够实现输出至 X 轴的信号相位改变 $0 \sim 180°$，从而实现二者的同步扫描。当磁场扫描到共振点时，可在示波器上观察到两个形状对称的蝶形共振信号波形，它对应于调制磁场 B_m 一周内发生两次核磁共振；再通过调相把波形调节到示波器荧光屏中心并使两峰重合，这时 ^{1}H 核共振频率和磁场满足共振条件：$\omega_0 = \gamma_N B_0$。

【实验方法】

当磁场 B_0 一定时，共振频率 ω_0 就是一定的。当 $\omega = \omega_0$ 时，样品吸收射频场的能量最大，即出现共振。示波器是观察共振现象的常见仪器，但示波器只能观察交变信号，所以必须想办法使核磁共振信号交替地出现。

有两种方法可以达到这一目的：一种是调场法，另一种是调频法，两种方法完全等效。根据 NMR 条件 $\omega_0 = \gamma_N B_0$，通过固定 ω 而逐步改变 B，使之达到共振点，此为调场法。其优点是简单易行，确定共振频率 ω_0 较准确；缺点是需要安装亥姆霍兹线圈，很不方便。通过固定 B 而逐步改变 ω 的方法，被称为调频法。此法直观易懂，故本实验采用调频法，具体方法如下。

1. 调频移相法

在示波器采用外扫描工作方式时，其 X 轴灵敏度为 $2 \sim 5$ V/DIV，Y 轴在 $0.1 \sim 2$ V/DIV 选定 B（$1.5 \sim 2.1$A），逐步改变 ω，使之达到共振点。同时，

让一小的50Hz正弦交流电（0.3～0.7A）加到磁铁的调制线圈上，并同时分出一路，通过移相器接到示波器的X轴，以实现二者的同步扫描。当磁场描到共振点时，可在示波器荧光屏上观察到如图4-4所示的两个对称的蝶形信号波形，它对应于调制磁场 B_m 一个周期内发生两次核磁共振的结果。再细心调解频率，把波形调节到示波器荧光屏的中心位置，且使两峰等高、等宽、对称。调节移相旋钮，使两峰重合，这时达到共振状态。

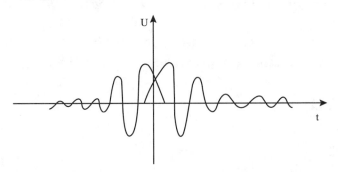

图4-4　移相法蝶形信号波形

资料来源：冯玉玲、汪剑波、李金华：《近代物理实验》，北京理工大学出版社2015年版。

2. 调频内扫法

在示波器采用内扫描工作方式时，X轴灵敏度为5ms/DIV，Y轴灵敏度可根据信号幅度大小在0.1～0.5V/DIV选择。为了便于观察共振信号，先选定磁场电流1.5～2.1A，再加射频场 B_1 和 B_m。

固定 B_0，让 B_1 的频率 ω 连续变化通过共振区，当 $\omega = \omega_0 = \gamma B_0$ 时，即出现共振信号。由于技术上的原因，一般在磁场 B_0 上叠加一交变低频调制磁场 B_m，使样品所在的实际磁场为 $B_0 + B_m$。如图4-5（a）所示，相应的进动频率 $\omega_0' = \gamma(B_0 + B_m)$，此时只要将射频场的角频率 ω' 调节到 ω_0 的变化范围内，当 B_m 变化使 $B_0 + B_m$ 扫过 ω' 所对应的共振磁场时，则共振信号间距相等且相邻两信号时间间隔应为10ms，记录下此时的共振频率，如图4-5（b）所示。

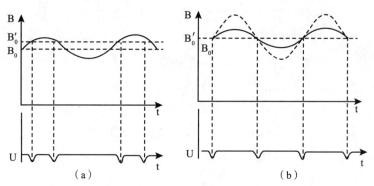

图 4 – 5　共振信号的相对位置

资料来源：冯玉玲、汪剑波、李金华：《近代物理实验》，北京理工大学出版社 2015 年版。

【实验内容和步骤】

1. 观察

用水做样品，观察质子（^1H）的核磁共振吸收信号，并精确测量外磁场 B_0。

实验时先把被测样品装入边缘振荡器的回路中，并把这个含有样品的线圈放到稳恒磁场中。线圈放置的位置必须保证使线圈产生的射频磁场方向与稳恒磁场方向垂直。然后通过调频法观察质子（^1H）的核磁共振吸收信号，并做记录。

通过调频法测出与待测磁场相对应的共振频率 υ_H，可由式（4 – 13）算出被测磁场强度：

$$B_0 = \frac{\omega_0}{\gamma_H} = \frac{2\pi\upsilon_H}{\gamma_H} \tag{4 – 17}$$

其中，γ_H 为质子旋磁比，$\gamma_H = 2.6752213 \times 10^2$。

2. 测量

用聚四氟乙烯棒样品，观察 ^{19}F 的核磁共振现象，并测定其旋磁比 γ_F，朗德因子 g_F 和自旋核磁矩 μ_I。

由于 ^{19}F 的核磁共振信号比较弱，观察时要特别细心。应用调频法，找到共振吸收信号，测出射频频率 υ_F 和相对应的磁场 B_F，即可算出 ^{19}F 的旋磁比 γ_F。在这里将 $B_F = B_0 = \frac{2\pi\upsilon_H}{\gamma_H}$ 代入式（4 – 18）：

$$\gamma_F = \frac{2\pi\upsilon_F}{B_F} = \frac{\upsilon_F}{\upsilon_H}\gamma_H \qquad (4-18)$$

其中，υ_F 和 υ_H 分别为 ^{19}F 和 ^1H 的共振频率，γ_H 是质子旋磁比。

由 $\mu_I = g_F\mu_N(P_I/\hbar) = \gamma_F P_I$ 可得：

$$g_F = \frac{\gamma_F\hbar}{\mu_N} \qquad (4-19)$$

其中，$\mu_N = 5.0507866 \times 10^{-27}J/T$，$\hbar = \frac{h}{2\pi} = 1.0545726 \times 10^{-34}J \cdot S$。

因 $P_I = \hbar I$，由 $\mu_I = g_F\mu_N(P_I/\hbar)$ 得：

$$\mu_I = g_F\mu_N I = \frac{1}{2}g_F\mu_N \qquad (4-20)$$

其中，I 为自旋量子数，^{19}F 的 I 为 $1/2$。

为了培养独立工作能力，具体实验步骤由实验者自行拟定。

【注意事项】

△ 磁极面是经过精心抛光的软铁，要防止损伤表面，以免影响磁场的均匀性。

△ 样品线圈的几何形状和绕线状况对吸收信号的质量影响较大，在安放时应注意保护，不要把保护罩脱掉，防止变形及破裂。

△ 适当提高射频幅度可提高信噪比，然而过大的射频幅度会引起边缘振荡器的自激。

△ 为延长系统使用寿命，应将磁场电流和扫场电流调至最小后再关机。

【问题及反思】

1. 完成 ^1H 核的 NMR 实验，为什么用水作样品？

2. 产生 NMR 的条件是什么？

3. B_0、B_1、B_m 的作用是什么？如何产生？它们有什么区别？

4. 试述观测核磁共振的实验方法（移相法和内扫法）。

实验五

微波铁磁共振

1935 年，著名物理学家列夫·达维多维奇·朗道（Lev Davidovich Landau）等便提出铁磁性物质具有铁磁共振特性，直到 1946 年由于微波技术的发展和应用才从实验中观察到铁磁共振现象。经过多年的发展，铁磁共振如今和核磁共振、电子自旋共振一样，成为研究物质宏观性能和微观结构的有效手段。在固体物理、磁学、化学和生物等科学领域以及生产、国防中有广泛的应用。

【实验目的】

◇ 熟悉微波信号源的组成和使用方法，学习微波装置调整技术。

◇ 了解铁磁共振的基本原理和实验方法，学习用谐振腔法观测铁磁共振的测量原理和实验条件。

◇ 观察单晶或多晶铁氧体样品的磁共振谱线，测定共振线宽 ΔH、g 因子等。

【实验仪器】

DH811A 型微波铁磁共振实验系统、双踪示波器等。

【实验原理】

1. 铁磁共振

铁磁物质的磁性来源于原子磁矩，一般原子磁矩主要由最外层未满壳电子轨道磁矩和电子自旋磁矩决定。在铁磁性物质中，电子轨道磁矩由于受到晶体场作用，方向不停地变化，不能产生联合磁矩，因此对外不表现磁性。

但是，铁磁性物质中电子自旋由于交换作用形成磁有序，任何一块铁磁体内部都形成许多磁矩取向一致的微小自发磁化区，这样的小区域称为磁畴，平时磁畴的排列方向是混乱无序的，对外的效果相互抵消，所以在未磁化前对外不显磁性。在足够强的外磁场作用下，即可达到饱和磁化，各磁畴的磁矩转变为有序，并趋向外磁场 H 的方向，对外显出较强的宏观磁性。

引入磁化强度矢量 M，它表征铁磁物质中全体电子自旋磁矩的集体行为，简称为系统磁矩 M。

处于稳恒磁场 B 和微波磁场 H 中的铁磁物质，它的微波磁感应强度 B 可表示为：

$$B = \mu_0 \mu_{ij} H \tag{5-1}$$

μ_{ij} 称为张量磁导率，μ_0 为真空中的磁导率。

$$\mu_{ij} = \begin{Bmatrix} \mu & -jK & 0 \\ jK & \mu & 0 \\ 0 & 0 & 1 \end{Bmatrix} \tag{5-2}$$

其中，μ、K 称为张量磁导率的元素。

$$\mu = \mu' - j\mu', \quad K = K' - jK'' \tag{5-3}$$

上述 μ、K 两个量的实部和虚部随 B 的变化曲线如图 5-1 所示。

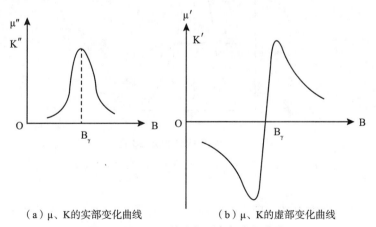

（a）μ、K的实部变化曲线　　　（b）μ、K的虚部变化曲线

图 5-1　μ、K 的实部、虚部变化曲线

资料来源：刘海霞、康颖：《近代物理实验》，中国海洋大学出版社 2013 年版。

μ'、K'在 $B_\gamma = \dfrac{\omega_0}{\gamma}$ 处的数值和符号都剧烈变化，称为色散。μ''、K''在$\dfrac{\omega_0}{\gamma}$处达到极大值，称为共振吸收，此现象即为铁磁共振。ω_0 为微波磁场的旋转频率，γ 为铁磁物质的旋磁比。

$$\gamma = \frac{2\pi\mu_B}{h} \cdot g \qquad (5-4)$$

其中，$\mu_B = \dfrac{\hbar e}{2m_e} = 9.2741 \times 10^{-24} J \cdot T^{-1}$，称为玻尔磁子；$h = 6.6262 \times 10^{-34} J \cdot s$，是普朗克常数。$\mu''$定义为铁磁物质能的损耗，微波铁磁材料在频率为 f_0 的微波磁场中，当改变铁磁材料样品上的稳恒磁场 B 时，在满足 $B = B_0 = \dfrac{\omega_0}{\gamma}$时，磁损耗最大，常用共振吸收线宽 ΔB 来描述铁磁物质的磁损耗大小。

ΔB 定义如图 5-2 所示，它是 $\mu'' = \dfrac{1}{2}\mu_m$ 处对应的磁场间隔（$B_2 - B_1$），即半高宽度，是磁性材料性能的一个重要参数，对于研究铁磁共振的机理和磁性材料的性能有重要意义。

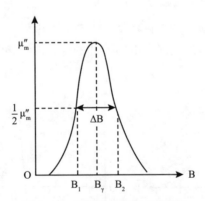

图 5-2 共振吸收线宽 ΔB 定义

资料来源：高铁军、孟详省、王书运：《近代物理实验》，科学出版社 2017 年版。

铁磁共振由宏观唯象理论的解释：铁磁性物质总磁矩 M 在稳恒磁场 B 作用下，绕磁场作进动，进动角频率为 $\omega = \gamma B$，由于内部存在阻尼作用，M 进动角会逐渐减小，逐渐趋于平衡方向，即磁场的方向被磁化。当进动频率等于外加微波磁场 H 的角频率 ω_0 时，M 吸收微波磁场能量，用以克服阻尼并维持进动，此时会发生铁磁共振。

当多晶体样品发生铁磁共振时，共振磁场 B_γ 与微波角频率 ω_γ 满足下列关系（适用于无限大介质或球状样品）：

$$\omega_\gamma = \gamma B_\gamma \tag{5-5}$$

依据量子力学知识，当电磁场的量子能量恰好等于系统 M 的两个相邻塞曼能级间的能量差时，就会发生共振现象，选择定则为 $\Delta m = -1$ 的能级跃迁。这个条件是 $\hbar\omega = |\Delta E| = \hbar\gamma B_0$，与经典理论的结果一致。

铁磁物质在 $B_\gamma = \dfrac{\omega_\gamma}{\gamma}$ 处呈现共振吸收，只适合于球状样品和磁晶各向异性较小的样品。对于非球状样品，由于铁磁物质在稳恒磁场 B 和微波磁场 H 作用下而磁化，会相应在样品内部产生所谓的退磁场，而使共振点发生位移，只有球状样品的退磁场对共振点没有影响。

铁磁物质在磁场中被磁化的难易程度随方向而异，这种现象称为磁晶各向异性，它等效于一个内部磁场，也会使共振点发生位移。对于单晶样品，实验时要先作晶轴定向，使易磁化方向转向稳恒磁场方向；对于多晶样品，由于磁晶各向异性比较小，因此对共振点影响很小。

2. 用传输式谐振腔测量铁磁共振线宽

在稳恒磁场中，磁性材料的磁导率 μ 只是一个实数，而在交变磁场（如微波场）中，由于阻尼作用，材料的磁感应强度 B 与磁场强度 H 之间出现位相差，B 的变化滞后于 H。因此，材料的磁导率为复数：$\mu = \mu' - j\mu''$。其中，实部分量 μ' 相当于稳恒磁磁场时的磁导率，表示材料贮存的磁能；虚部分量 μ'' 代表交变磁场时材料的磁能损耗。

测量铁氧体的微波性质，如铁磁共振线宽，一般采用谐振腔法。根据谐振腔的微扰理论，假设在腔内放置一个很小的样品，可以把样品看成一个微扰。除样品位置外，整个腔内的电磁场分布将保持不变。把样品放到腔内微波磁场最大处，将会引起谐振腔的谐振频率 f_0 和品质因数 Q_L 的变化。

$$\frac{f-f_0}{f_0} = -A(\mu'-1) \qquad (5-6)$$

$$\Delta\left(\frac{1}{Q_L}\right) = 4A\mu'' \qquad (5-7)$$

其中，f_0、f 分别为无样品和有样品时腔的谐振频率；μ'、μ'' 为磁导率张量对角元的实部和虚部；A 为与腔的振荡模式和体积及样品的体积有关的常数。

在保证谐振腔输入功率 $P_{in}(f_0)$ 不变和微扰条件下，输出功率 $P_{out}(f_0)$ 与 Q_L^2 成正比。要测量铁磁共振线宽 ΔB 就要测量 μ''。

由式（5-7）可知，测量 μ'' 即测量腔的 Q_L 值的变化，而 Q_L 值的变化又可以通过腔的输出功率 $P_{out}(f_0)$ 的变化来测量。

因此，现在测量铁磁共振曲线就是测量输出功率 P 与恒定磁场 B 的关系曲线。如图 5-3 所示。

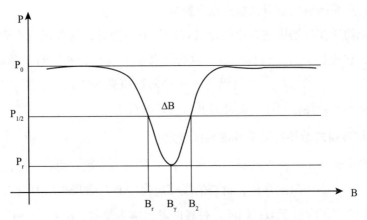

图 5-3　输出功率 P 与恒定磁场 B 的关系曲线

资料来源：高铁军、孟详省、王书运：《近代物理实验》，科学出版社 2017 年版。

对于传输式谐振腔，在谐振腔始终调谐时，当输入功率 $P_{in}(\omega_0)$ 不变的情况下，有：

$$P_{out}(\omega_0) = \frac{4P_{in}(\omega_0)}{Q_{e1} \cdot Q_{e2}} \cdot Q_L^2 \qquad (5-8)$$

即 $P_{out}(\omega_0) \propto Q_L^2$。其中，$Q_{e1}$、$Q_{e2}$ 为腔外品质因数。

因此可通过测量 Q_L 的变化来测量 μ''，而 Q_L 的变化可以通过腔的输出功率 $P_{out}(\omega_0)$ 的变化来测量，这就是测量 ΔB 的基本思想。

实际测量时要满足以下条件：

（1）铁氧体样品小球放到腔内微波磁场最大处；

（2）小球要足够小，即把小球看成一个微扰；

（3）谐振腔始终保持在谐振状态；

（4）微波输入功率保持恒定。

在这样的条件下，磁场 B 由零开始逐渐增大，对应每一个 B 测出一个 P，就可以得到图 5-3 所示的输出功率 P 与恒定磁场 B 的关系曲线。在图 5-3 中，P_0 为远离共振区时的谐振腔输出功率，P_γ 为共振区时的输出功率，$P_{\frac{1}{2}}$ 为半共振点的输出功率。

需要注意的是，当磁场 B 改变时，磁导率的变化会引起谐振腔谐振频率的变化，实验时，每改变一次 B 都需要调节谐振腔（或微波发生器频率）使它与输入微波磁场频率调谐，以满足式（5-8）关系，这种测量称为逐点调谐，可以获得真实的共振吸收曲线。此时，对应于 B_1、B_2 的输出功率为：

$$P_{\frac{1}{2}} = \frac{4P_0}{\left(\sqrt{P_0/P_\gamma + 1}\right)^2} \qquad (5-9)$$

其中，P_0、P_γ 和 $P_{\frac{1}{2}}$ 分别是远离共振点、共振点和共振幅度一半处对应的输出功率。因此，根据测得的曲线可以计算出 $P_{\frac{1}{2}}$，即能确定出 ΔB。为了简化测量过程，我们常采用非逐点调谐，即在远离共振区时，先调节谐振腔使与入射微波磁场频率调谐，测量过程中同步再调谐，考虑了频散影响修正后，可以得到计算 $P_{\frac{1}{2}}$ 的公式。

$$P_{\frac{1}{2}} = \frac{2P_0 P_\gamma}{P_0 + P_\gamma} \qquad (5-10)$$

由于实验时所直接测量的不是功率，而是检波电流 I，因此必须控制输入功率的大小，使其在测量范围内，微波检波二极管遵从平方律关系，且由于 I 与入射到检波器的微波功率（即 P_{out}）成正比，可以得到以下关系：

$$I_{\frac{1}{2}} = \frac{2I_0 I_\gamma}{I_0 + I_\gamma} \qquad (5-11)$$

因此，只要测出 I–B 曲线，即可求得 ΔB 和 B_γ。另外，由铁磁共振条件 $\omega_\gamma = \gamma B_\gamma$ 和 $\gamma = \dfrac{2\pi\mu_B \cdot g}{h}$，根据外加磁场 B_γ 和微波频率 ω_γ，可求得 g 因子。

【实验装置】

本实验采用扫场法（或称调场法）进行实验。即保持微波频率不变，通过连续改变外磁场大小，当外磁场与微波频率之间满足特定关系时，会发生射频磁场能量被吸收的铁磁共振现象。图 5–4 为微波铁磁共振实验系统装置。

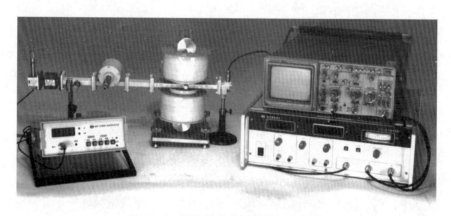

图 5–4　微波铁磁共振实验系统装置

资料来源：郑勇、林杨阔、葛泽玲：《近代物理实验及其数据分析方法》，电子工业出版社 2016 年版。

微波铁磁共振实验系统的工作示意如图 5–5 所示。本实验系统是在三厘米微波频段完成铁磁共振实验。固态信号源输出的微波信号先后经隔离器、衰减器、波长表等元件进入谐振腔。谐振腔由两端带耦合片的矩形直波导构成。当被测铁氧体样品放入谐振腔内微波磁场最大处时，将会引起谐振腔的谐振频率和品质因数变化。当改变外磁场进入铁磁共振区域时，由于样品的铁磁共振损耗，输出功率相应降低，从而可测出谐振腔输出功率 P 与外加恒定磁场 B 的关系曲线。

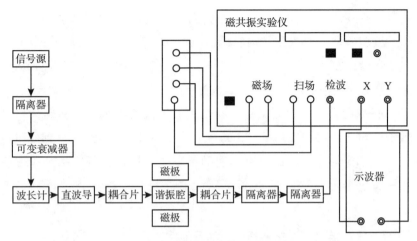

图 5 - 5　铁磁共振系统工作示意

资料来源：刘竹琴：《近代物理实验》，北京理工大学出版社 2014 年版。

【实验内容和步骤】

1. 调整系统到谐振状态并测量谐振频率

在调整系统之前务必认真阅读微波铁磁共振实验系统说明书。注意确认在谐振腔内未放置样品后方可进行第一步的调整工作。

（1）按图 5 - 5 所示连接铁磁共振系统，将可变衰减器的衰减量调至最大，磁共振实验仪的磁场调节钮务必逆时针旋转到底。

（2）三厘米固态信号源设置到"电压""等幅"档，然后打开微波信号源及磁共振实验仪的电源，预热 20 分钟。

（3）调节微波系统处于谐振状态。根据谐振腔上标明的频率和相应仪器编号对照表的数值，仔细调整频率测微器（波长表），当微安表指示电流出现一个极小值时，则微波频率达到谐振腔的谐振频率。再仔细调整检波器灵敏度使检波电流最大。若检波电流过低或超出量程，调节衰减器使检波电流最大值在量程的 2/3 左右，此时系统处于谐振状态。

（4）调节微波频率。将检波器输出接到微安表，并选择"检波"档，调节可变衰减器的衰减量，使电表有适当的指示，用波长表测试此时的微波信号频率。具体方法为：旋转波长表的测微头，找到电表指示跌落点，读出测微头读数，查波长表频率刻度表即可确定振荡频率。当信号频率与样品谐振腔上所标谐振频率不一致时，则应调节三厘米固态信号源的信号振荡频率，使之与样品谐振腔上所标谐振频率相同。测定完频率后，务必将波长表刻度旋开谐振点，避免波长表的吸收对实验造成干扰。

（5）仔细调整波长表测微器，找到检波电流的极小点，精确读出测微器的数值，对比经过校准后的"3cm 空腔波长频率对照表"，得到此时微波频率，此频率应与样品谐振腔上标明的频率非常接近。若这两个频率相差较大，则重复步骤（3），调整频率测微器寻找其他谐振点，再测量谐振频率。

2. 示波器直接观察铁磁共振现象测量 g 和 γ

（1）将白色外壳的单晶样品装到谐振腔内，将扫场接线与电磁铁扫场接线柱相连，将"扫场"旋钮旋转到顺时针最大。

（2）将磁共振实验仪的 X 轴输出与 Y 轴输出接到示波器的 X、Y 轴输入端，磁共振实验仪按键按在"扫场"位置，示波器选到"X—Y"工作模式。

（3）调节示波器 X 轴输入灵敏度，使荧光屏 X 轴的扫描有适当显示，Y 轴输入放置适当位置。

（4）调节磁场电流在 1.7A 左右时，在示波器上即可观察到铁磁共振信号，如图 5-6 所示。若波形幅度太大，可通过改变 Y 轴输入的灵敏度进行调节。

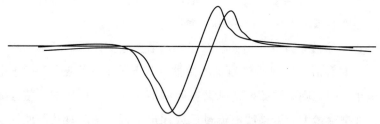

图 5-6 示波器直接观察铁磁共振现象

资料来源：谭伟石：《近代物理实验》，南京大学出版社 2013 年版。

（5）若两个共振信号幅度相差较大，需要适当移动样品谐振腔在磁场中的位置。

（6）若两个共振信号出现图 5 – 6 中所示图形，应微调微波信号源的频率，使谐振图形的上翘部分下压，调节"相位"旋钮，直至示波器上显示满意的图形。

3. 测量铁磁共振线宽 ΔB、g 和 γ

采用逐点测量法，绘制出铁磁共振曲线，即可求出共振磁场和共振线宽。

（1）去掉扫场接线（或将扫场调至为零）。磁共振实验仪选择"检波"档，缓慢调节旋钮，加大磁场电流，当电表指示最小数值时，即铁磁共振吸收点。

（2）由于所采用的固态信号源所产生的微波信号源功率较小，晶体检波器的检波律符合平方律，即检波电流与输入功率成正比，因此检波指示可作为铁磁共振曲线的纵坐标，本实验中传输式谐振腔的输出功率可以用晶体检波器作相对指示。

（3）磁共振实验仪的磁场旋钮是通过改变磁场线圈中的电流来实现的，并且电流的大小与磁场成正比，因此铁磁共振曲线中的横坐标可用磁共振实验仪的电流大小来代表磁场的大小。

（4）从电流 1.2A 起，逐点记录磁共振实验仪的磁场电流表读数与检波指示的对应关系，在坐标纸上描绘出连续的曲线，即可得到铁磁共振曲线。从所描绘出的共振曲线上找出共振磁场 B_γ 和线宽 ΔB，并计算出 g 和 γ。

4. 测量多晶样品的共振线宽 ΔB、g 和 γ

将样品换成多晶样品（半透明外壳），测量上述各项参数共振线宽 ΔB、g 和 γ，将测量结果与单晶样品的相比较。注意，多晶样品的共振吸收峰很宽。

【注意事项】

△ 检波器输出两线不得短路，否则将损坏检波晶体。要调整可变衰减器使微波功率衰减接近 0 时再选择接入微安表或检波输入档。

△ 可变衰减器尽量调到衰减较大的位置，输出功率够用即可。

△ 实验中磁场和扫场不要长时间使用较大电流。测量后，磁场要调到

0.8A 以下，扫场调到 0。

　　△ 更换样品时须仔细认真，谨防实验样品损坏、丢失。

【问题及反思】

　　讨论样品可放到谐振腔的哪些位置。

实验六

氢、氘原子光谱实验

【实验目的】

◇ 学习使用 WGD – 8A 型组合式多功能光栅光谱仪测量光谱的方法。

◇ 测定氢原子巴尔末系的谱线波长，验证巴尔末公式。

◇ 测定氢同位素氘的谱线位移，计算氢、氘里德堡常数，计算电子与质子的质量比，计算氢、氘的核质比。

【实验原理】

在历史上对光的本性的认识过程中，牛顿发现白光是由各种颜色的光复合而成，赫谢尔发现了红外辐射现象，随即李特和沃拉斯顿又发现了紫外辐射现象，之后夫朗和费发现了太阳光谱中的锐黑线。物理学家们对各种光谱现象的深入研究，逐渐加深了对物质结构的认识，从而进入了原子的世界。值得一提的是，氢光谱的研究成果在原子结构理论的产生过程中起过巨大的作用。

已知氢原子的光谱是最简单的光谱，它有自身相互独立的光谱系统，其中只有一个线系在可见光区，即巴尔末线系（见图 6 – 1），比较明亮的谱线有四条。

各谱线波长如下：$H_\alpha \sim 656.28nm$；$H_\beta \sim 486.13nm$；$H_\gamma \sim 434.05nm$；$H_\delta \sim 410.18nm$。

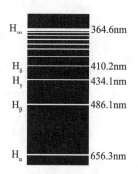

图6-1 氢原子光谱的巴尔末系谱线

资料来源：郑建洲：《近代物理实验》，科学出版社2017年版。

这些谱线的波长的倒数很有规律：$\dfrac{1}{\lambda} = \tilde{\upsilon} = R\left(\dfrac{1}{2^2} - \dfrac{1}{n^2}\right)$ （n = 3、4、5、…），我们一般称 $\tilde{\upsilon}$ 为波数，R是里德堡常数。之后又相继发现了氢的其他系列线系谱线。

赖曼（Lgman）系
（远紫外 n = 2、3、4、…）　$\tilde{\upsilon} = R\left(\dfrac{1}{1^2} - \dfrac{1}{n^2}\right)$

帕邢（Paschen）系
（近红外 n = 4、5、6、…）　$\tilde{\upsilon} = R\left(\dfrac{1}{3^2} - \dfrac{1}{n^2}\right)$

布拉开（Brackett）系
（红外 n = 5、6、7、…）　$\tilde{\upsilon} = R\left(\dfrac{1}{4^2} - \dfrac{1}{n^2}\right)$

普芳德（Pfund）系
（红外 n = 6、7、8、…）　$\tilde{\upsilon} = R\left(\dfrac{1}{5^2} - \dfrac{1}{n^2}\right)$

所有这些已知的氢原子光谱，可以用一个普遍的公式表示，就是广义巴尔末公式：

$$\tilde{\upsilon} = R\left(\dfrac{1}{m^2} - \dfrac{1}{n^2}\right) \quad m、n = 1、2、3、\cdots \quad n > m \qquad (6-1)$$

玻尔提出了氢原子的量子理论，指示出氢原子内部结构的规律性，并根据这一理论，推出了广义巴尔末公式：

$$\tilde{\upsilon} = R\left(\dfrac{1}{m^2} - \dfrac{1}{n^2}\right), \quad R = \dfrac{m_e e^4}{8\varepsilon_0^2 h^3 c} \qquad (6-2)$$

其中，m_e 为电子质量，e 为电子电荷，h 为普朗克常数，c 为光速，ε_0

为真空中的介电常数。基于玻尔理论，可知一个原子中的电子只能占据某些不同的量子态或轨道。这些量子态具有不同的能量，且最低能量的量子态叫作基态。当一个电子从某一能态跃迁到另一能态的时候，它能够发射或吸收相应辐射。这种辐射的频率 υ 由 $\upsilon = \dfrac{\Delta E}{h}$ 给出。ΔE 是两个态之间的能量差，即 $\Delta E = E_n - E_m$。这是原子只会发射某些特定频率的光，从而构成特征谱线的根本原因。

由于最初的玻尔理论是假定原子核不动的情况下进行讨论的，实际上电子是绕公共质心转动的，修正后得到更精确的氢原子的里德堡常数为 $R_H = \dfrac{\mu e^4}{8\varepsilon_0^2 h^3 c}$，其中 $\mu = \dfrac{m_e M}{m_e + M}$，$\mu$ 是折合质量，M 是核的质量。比较 R_H 与 R 得到：

$$R_H = R\left(1 + \frac{m_e}{M}\right)^{-1} \tag{6-3}$$

对于重氢（氘）原子，将对应的核子质量代入，可以得到对应的里德堡常数为：

$$R_D = R\left(1 + \frac{m_e}{M_D}\right)^{-1} \tag{6-4}$$

正是由于氢核与氘核的质量不同，因此各自的里德堡常数就会有所不同，根据广义巴尔末公式可知，相应的谱线波长也就略有不同，这叫作同位素谱线位移。

可以根据这一差别证实氢的同位素氘的存在。由于自然界中氘的含量很低，谱线相对非常弱，起初时非常难以测得。直到 1933 年尤里提高了氘的百分比含量，把包含氢和氘的混合物装入放电管，摄取对应光谱，最终发现赖曼系的前四条谱线都是双线结构。进一步测量波长差，并与理论计算结果作了比较，从而证实了氘的存在。

【实验仪器】

实验仪器主要有 WGD-8A 型组合式多功能光栅光谱仪、氢氘灯、相应数据采集和软件处理系统。

WGD-8A 型组合式多功能光栅光谱仪由光栅单色仪、接受元件、扫描系统、电子放大器，A/D 采集单元组成，其光学原理图如图 6-2 所示。首先，光源发出的光束到达入射狭缝 S_1，S_1 位于反射式准光镜 M_2 的焦面上；其次，通过 S_1 射入的光束经过 M_2 反射成平行光束，照射到平面光栅 G；再次，该平行光束经光栅衍射，入射光分解为若干束单色平行光；最后，经物镜 M_3 照射到 S_2 或 S_3 上。

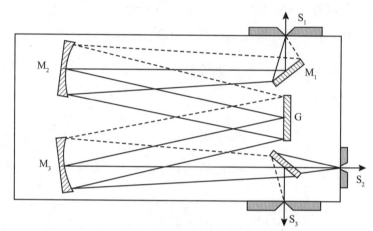

图 6-2 WGD-8A 型组合式多功能光栅光谱仪光学原理

资料来源：刘竹琴：《近代物理实验》，北京理工大学出版社 2014 年版。

【实验内容和步骤】

（1）打开 WGD-8A 型组合式多功能光栅光谱仪，打开氢—氘光源的电源开关，注意需要预热 20 分钟左右。

（2）调节氢—氘光谱灯至合适位置后，操作计算机，打开工作软件。选择定点扫描功能，设置光电倍增管电压和增益系数，确保信号足够强且不超出显示范围，调整扫描精度，使所扫描的谱线能够充分辨别。

（3）根据巴尔末线系的范围，扫描出整个谱线系。

（4）分段扫描，找出巴尔末线系中的氢—氘谱线。

（5）利用操作软件，测量出氢—氘谱线波长，并计算同位素谱线位移。

（6）处理数据，计算实验目的中要求的各个量值。

【注意事项】

△ 光栅光谱仪中的狭缝属于非常精密的机械装置，实验中不得随意调节。

△ 禁止用手触摸透镜等光学元件，眼睛要避免直视光源。

△ 为确保仪器使用安全，在开启光栅光谱仪之前，要先将负高压调至最低，通电源后再慢慢调节负高压至 500 ~ 600V。关仪器时，注意先将负高压降至最低，再断开电源。

△ 氢—氘光源使用的是高压电源，工作时外壳温度较高，注意谨防烫伤。

【问题及反思】

1. 氢原子光谱的巴尔末线系三条谱线的量子数 n 各为多少？

2. 对于不同的原子，到底是什么原因使里德堡常数发生了变化？

3. 已知测得 n = 3 的氢谱线波长为 656.308nm，与此相应的能级间隔是多少？

实验七

旋光现象测溶液的浓度

【实验目的】

◇ 观察旋光现象。
◇ 熟悉旋光组合仪的构造及测量原理。
◇ 掌握利用旋光现象测量旋光性物质溶液浓度的方法。

【实验仪器】

旋光组合仪原理如图 7-1 所示，主要由激光光源、起偏器、测试管、检偏器组成。

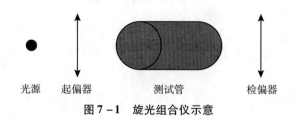

光源　起偏器　　　　测试管　　　　检偏器

图 7-1　旋光组合仪示意

【实验原理】

1. 旋光现象

偏振光通过某些晶体或物质的溶液时，其振动面以光的传播方向为轴线发生旋转的现象，称为旋光现象。具有旋光性的晶体或溶液称为旋光物质，分为左旋物质和右旋物质。让平面偏振光透过旋光物质，在观察者迎着光源观察的情况下，使振动面沿着顺时针方向旋转的物质称为右旋物质；使振动面沿着逆时针方向旋转的物质称为左旋物质。

2. 旋光度

在给定波长的情况下，对液体而言，旋转的角度还与旋光物质的浓度成正比，其关系可表示为：

$$\Delta\varphi = \alpha CL \qquad\qquad (7-1)$$

其中，$\Delta\varphi$ 表示偏振光振动面旋转的角度，称为旋光度，它的单位为度（°）；C 表示液体的浓度，单位为 $g \cdot ml^{-1}$；L 表示光在溶液中通过的长度，单位为 dm。比例常数 α 称为该旋光物质的旋光率，又称为比旋度。

3. 比较法测糖溶液的浓度

本实验采用比较法，实验中使用同一根旋光试管，长度为 L，先把已知浓度为 C_1 的糖溶液装入玻璃旋光试管中，放入旋光组合仪，让偏振光透过该溶液，使用旋光组合仪测量其振动面旋过的角度 $\Delta\varphi_1$。据式（7-1），有：

$$\Delta\varphi_1 = \alpha C_1 L \qquad\qquad (7-2)$$

改用同种溶质、不同浓度 C_x（待测）的糖溶液，其旋光率仍为 α，重复上述实验步骤，测得其旋过的角度为 $\Delta\varphi_x$，据式（7-1）也有：

$$\Delta\varphi_x = \alpha C_x L \qquad\qquad (7-3)$$

比较式（7-2）和式（7-3），则有：

$$C_x = \frac{\Delta\varphi_x}{\Delta\varphi_1} C_1 \qquad\qquad (7-4)$$

这样即可求出待测糖溶浓度的大小。

4. 扩展

如果溶液的浓度为已知，则能计算出物质在某一温度下的旋光率 α。分子结构的不对称性是造成这种物质具有旋光性的原因，因此，可以通过对旋光现象的观察来鉴定旋光性物质的左右旋性质，并研究物质的分子结构和结晶形状。物质的旋光性又是和它的生理活性密切相关的。例如，某些药物中具有左旋特性的成分是对生物有效的，而具有右旋特性的成分可能是完全无用的。

【实验内容和步骤】

1. 开机和预调

开激光器，调整光线同轴。

2. 校正零点

将装满清水的旋光试管置于测试管架上，旋转检偏器，接收屏光强为零，记下刻度盘位置读数 φ_0 并填入表 7 – 1 中。重复测量 3 次，将读数记入数据记录表中。

表 7 –1 实验中需要记录的数据

次数	检偏器读数				
	φ_0	φ_1	φ_x	$\Delta\varphi_1 = \overline{\varphi_1} - \overline{\varphi_0}$	$\Delta\varphi_x = \overline{\varphi_x} - \overline{\varphi_0}$
1					
2					
3					
平均值					

3. 测量已知浓度的糖溶液

旋光试管中装入已知浓度的糖溶液，类似步骤 2，找到消失视场，记下刻度盘位置读数 φ_1，此时 $\varphi_1 - \varphi_0$ 即偏振光通过已知浓度的糖溶液时旋转的角度 $\Delta\varphi_1$。

4. 测量未知浓度的糖溶液

旋光试管装入未知浓度的糖溶液，重复步骤 3，并记录数据 φ_x，这时可求得偏振光通过未知浓度的糖溶液时旋转的角度 $\Delta\varphi_x$。

5. 重复步骤 3 和 4 三次，数据填入表 7 – 1 中

6. 利用式（7 –4）求出未知糖溶液的浓度 C_x

7. 关掉激光器的电源开关，取出旋光试管并清洗，整理好仪器及仪器台

【数据记录与处理】

请将实验数据记录于表 7-1。

结果为：
$$C_x = \frac{\Delta\varphi_x}{\Delta\varphi_1}C_1$$

【注意事项】

△ 仪器连续使用不宜超过 4 小时，以免灯管温度太高，亮度下降，影响寿命。

△ 一定要将旋光试管擦净后才能放入测试管架内，保持仪器的清洁。

【问题及反思】

1. 旋光组合仪中起偏器和检偏器起什么作用？
2. 在装溶液于管中时，若有气泡，对实验会产生什么影响，该如何处理？

实验八

黑 体 辐 射

【实验目的】

◇ 掌握黑体辐射的原理，以及黑体辐射光强与波长之间的关系。

◇ 掌握实验器材的组装，以及使用器材测量不同温度下黑体谱的方法。

◇ 使用 PASCO Capston 软件将测量得到的角度分辨的能谱转换为波长分辨的能谱。

【实验仪器】

本实验所用实验仪器列于表 8 – 1。

表 8 – 1　　　　　　　　　　　　实验用设备

棱镜分光光谱仪组件	OS – 8544
60cm 光学导轨	OS – 8541
教学光谱仪附件组	OS – 8537
光阑支架	OS – 8534B
宽频谱光传感器	PS – 2150
转动传感器	PS – 2120
电压传感器	UI – 5100
替换灯泡（10）	SE – 8509
橡胶头插线—黑色（5 包）	SE – 9751

【实验原理】

黑体，一个理想的吸收与发出辐射的物体，其发出的辐射光强与波长的函数 $I(\lambda)$ 由普朗克辐射定律给出：

$$I(\lambda, \ T) = \frac{2hc^2}{\lambda^5} \frac{1}{e^{\frac{hc}{\lambda kT}} - 1} \tag{8-1}$$

其中，c 是真空中的光速，h 是普朗克常数，k 是玻尔兹曼常数，T 是物体的绝对温度，λ 是辐射的波长。任何实际的对象发出的辐射波长都更少。

光强最大时对应的波长的公式为：

$$I_{max} = (constant)/T = (0.002898m \times K)/T \tag{8-2}$$

黑体辐射的灯丝温度可以由灯丝的电阻计算得出。我们通过测量电压 V 以及电流 I，使用公式 $R = \dfrac{V}{I}$ 计算得到电阻 R。实验中，钨丝的电阻与温度的关系不是线性函数，通过电阻计算温度的具体方法在附录 1 中进行介绍。波长由测量棱镜分光的散射角度确定，角度与波长的具体关系在附录 2 中进行介绍。

【实验装置】

1. A 部分

（1）如图 8-1 所示设置棱镜分光光谱仪，除了将黑体辐射光源放置在轨道最左边，准直狭缝比图示位置更紧一点靠光源放置，以便让光强最大化。关于安装转动传感器、光阑圆盘以及光传感器臂到光谱表盘的详细步骤，会在附录 3 中进行讨论。

图 8-1 实验设置

资料来源：由 PASCO 公司授权。

（2）通过两个带有很大黑色塑料螺帽的$\frac{1}{2}$英寸螺丝将宽频谱光传感器固定在光传感器臂上。在光传感器臂固定杆下面的小孔中插入一个 2 英寸长的黑色杆，以方便手动操控传感器，更好地扫描到光谱（见图 8 – 1）。

（3）如图 8 – 2 所示，在光传感器臂固定杆底部用两个螺丝来固定转盘的角度。定位好杆的斜边以便它正对光谱表盘的角度指示器。

图 8 – 2　固定转盘

资料来源：由 PASCO 公司授权。

（4）我们使用的装置中有内置的电流传感器，通过 850 接口输出，而不是使用内置的电压传感器，因为灯丝的电压会因导线的分压而降低。

2. B 部分

（1）表盘中央有螺孔，使用螺丝将棱镜载物台固定在光谱表盘上。拧紧螺丝，直到基本接近工作台。安装棱镜的关键是棱镜没有完全接触表盘，这样表盘可以自由移动而不影响到棱镜。如图 8 – 3 所示，将棱镜的顶点朝向光源。棱镜的基准面必须严格垂直于入射光线。做好这些之后，转动载物台使得角度标记对准 0，此时棱镜的基准面应该位于 0 ~ 180°线上。使用翼形螺母和垫圈将棱镜安放到位，通过底部的螺栓穿过光谱表盘来固定。

（2）从光谱表盘（与转动传感器方向相反的一侧）底部地线接柱位置开始，外接一条鳄鱼夹电缆，将其另一端接地。在 850 通用接口右下角的#2 或#3 的银色输出接口可作为接地端使用。

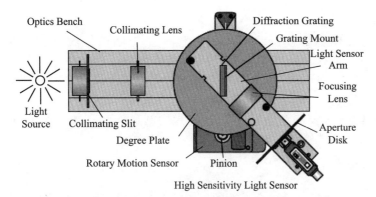

图 8 - 3 分光光度计系统（前视图）

注：Optics Bench：光学导轨   Light Source：光源
Collimating Slit：准直狭缝   Collimating Lens：准直透镜
Degree Plate：度盘   Rotary Motion Sensor：转动传感器
Pinion：小齿轮   Diffraction Grating：衍射光栅
Grating Mount：光栅底座   Light Sensor Arm：光传感器臂
Focusing Lens：聚焦透镜   Aperture Disk：光阑圆盘
High Sensitivity Light Sensor：高灵敏度光传感器
资料来源：由 PASCO 公司授权。

（3）将黑体光源的接线连接到 850 通用接口的右上端#1 输出端口，不用考虑极性问题。

（4）连接宽频谱光传感器和转动传感器到 850 通用接口 PASPORT 输入端。

（5）如图 8 - 4 所示，将电压传感器连接到 850 的模拟信号输入端 A 口上。将红色接线与黑体光源的红色橡胶头插线接口连接，将黑色接线与黑体光源的黑色橡胶头插线接口连接。不要将接口直接接到 850 的输出端，因为电流会非常大，所以从 850 输出端口到黑体辐射光源导线的压降非常大，而我们想要测量的是光源灯丝的电压。

图 8 - 4 光传感器面上的频谱

资料来源：由 PASCO 公司授权。

【实验内容和步骤】

1. 安装

将准直狭缝安装在狭缝#4 上，将光阑圆盘安装在狭缝#4 的光传感器前面。

2. 准直系统

准直狭缝必须在第一个透镜的焦点位置，传感器面和光阑圆盘必须在第二个透镜的焦点上。将光谱表盘移回轨道末端，使其脱离轨道。将黑体辐射光源移动到导轨的另一端，准直狭缝紧邻黑体辐射光源。如图 8 – 3 中所示，将准直透镜移动到离准直狭缝至少 12cm。让拥有 2.0/2.0 视力的人（用眼镜矫正的也可以）透过镜头观察狭缝。将镜头移向狭缝，使其第一次出现锐聚焦。狭缝与镜头的距离约为 10cm。然后移动光谱表盘，使其尽可能地接近准直透镜。将聚焦透镜与传感器面的距离设置为 10cm，后面还要进行更加准确的调节。

3. 点击屏幕左边的信号发生器按钮

直接输入或者通过上下调节按钮设置输出信号的直流波形和直流电压为 7.0V，然后打开信号发生器。

4. 调节可移动臂

调节导轨中心的可移动臂，使得从准直狭缝中出射的光线穿过棱镜后照射到传感器面上。调整聚焦透镜，使得到的图案尽可能地清晰。此时，系统处于准直状态，观察从黑体光源发出的光，主要是颜色（颜色是白色）。

5. 旋转可移动臂，直到看到清晰的频谱

可以看到光传感器屏幕上的频谱，它们呈现的是彩色的（从红到紫）吗？这说明了白光的什么问题？

6. 旋转扫描转动臂

旋转扫描转动臂，直到接收器到达光谱边缘，这就是开始扫描的起始位置。

7. 按下 RECORD

在进行这一步之前先阅读第 8 步！按一下 RECORD 按钮（在页面底部），在按下 RECORD 按钮时，要保证接收器位于边缘，如果不是在光谱边缘，每次运行都会有不同的零点，就看不到正确的峰值。

8. 宽频谱光传感器会出现零点漂移现象，所以需要按照以下说明进行操作

当传感器扫描到停止边缘时，按下宽频谱光传感器的置零按钮（该按钮会亮起），将其置零，观察可见模式的图案宽度。使用光传感器下面的手柄，从图案边缘迅速扫描到大约 1 个可见光谱宽度的图案的左侧（紫外线侧）的位置。慢慢旋转扫描臂，扫描到约 2 个可见光谱宽度的图案的右侧（红外线侧）的位置。你需要在按下置零按钮后的 30s 之内，完成上述操作，还要注意尽量保持匀速进行扫描。现在继续迅速地扫描过零度位置（就是光传感器正对着光源的位置）。当穿过白光峰值，扫在零度时放缓。请注意，只能朝一个方向扫描！如果你想往回扫描，转动传感器将找不到你所在的正确位置。

9. 点击 Stop，点击信号发生器的 Off 按钮

点击信号发生器的按钮关闭信号发生器。

【数据记录与处理】

（1）点击打开 PASCO 软件中的表格。在图表上方的工具栏中，找到数据显示图标（▲▼），点击黑色三角形的开始按钮，并选择 Run#1 模式。如果曲线与图不完全匹配，点击图形工具栏左上角的 Re-size 工具（▨）。角度可能都是负的，这取决于如何设置光谱仪。如果都是负的，则将手形鼠标放到按钮处，在屏幕的底部显示的是"角度"，出现蓝框时，单击鼠标左键，在顶部弹出的选项里选择快速计算器，在侧边的弹窗中选择 $-\theta$。在频谱峰值的两侧，相对强度应接近于零。如果有零点漂移也不要紧，只要能看到扫描到中央的白光峰值。如果这些都不正确，点击右下角删除上次运行按钮，并重新运行。如果不删除多余的运行，该系统将运行缓慢，

且更容易崩溃。如果想有一个良好的运行，单击在页面左边缘的数据汇总按钮，双击良好运行（运行#1），并重新标记为 7V Run，单击数据汇总按钮来关闭。

（2）检查相对强度—角度曲线图。请注意，这里的角度单位是弧度。由于我们大约只把表盘旋转了 80°，这结果显然是不正确的。其原因是转动传感器测量的是其自身轴转过的角度，但我们需要的是表盘转过的角度。可以证明，轴杆转过的弧度大约等于表盘转过的角度。我们将在下一步中测量真实数值。

（3）按下宽频谱传感器置零键。设置表盘标记为 50°，点击 RECORD 按钮。再次将台面从 100° 旋转到 50°，并在 50° 上停 10s（扫描漂移就会使得停止点明显），然后单击停止。点击数据摘要（左上屏幕），并标注此运行的校准。关闭数据摘要面板。打开 PASCO 软件中的选项卡，并使用数据显示图标（▲ ▼）来选择校准运行。观察转轴转动通过的角度（单位弧度），初始角度应该为 0。为了找到最后的角度，点击图形工具栏上数据选择图标（▦）。有柄的高亮区域应该出现在图形上。拖动手柄标记 100° ~ 106° 的区域。点击 Re-size 工具（◪），此时能够读取在目标位置上最近的 1/10 精度对应的角度。在标签页中的轴交角列中记录这个值。数据应该接近表中的一个数据，但数据可能根据测量仪器会略有不同。如果你的数据与我的不同，请点击左边的计算器按钮，并用你的计算结果为真正的角代替我的数值（0.9569）（100°/shaft angle = 0.9569）。点击删除活跃元件的工具（✖），然后单击 Re-size 工具将图形恢复正常。

（4）在 PASCO 软件中的强度—角度图中会有一个峰值，就是光传感器与光源刚好对准的时候，因为这些光直接通过棱镜传递，而不是通过棱镜折射。该峰值可以通过初始角度来精确地确定。在 PASCO 软件的表中选项卡下的修正钨曲线，单击黑色三角形的数据显示图标，然后选择 7V Run，如果它尚未显示，点击 Re-size 工具。从图中单击工具栏上的智能光标（✛）。智能光标看起来像一个在十字准线中间的盒子。点击盒子，拖动它，直到它的中央峰的正上方（你可以看到一个箭头指向下方峰值释放智能指针，它会捕捉到峰值的两个数字）。在信息框中输入角度、相对强度，点击计算器（屏幕左侧），并在第十五行中输入这个角度作为"初始角"（目前大概是68.9°），当我们在测量光纤从直通路径弯曲时的角度时，所有测量结果都需要减掉这一数据，才能得到我们需要的角度。

（5）将电压设置为4V和10V，并重复实验步骤的第六步到第九步。注意：如果长时间使用10V电压，黑体灯丝寿命会降低，所以只有在测量时才打开灯泡。用肉眼直接观察光谱图案的变化。重新使用4V Run。打开智能扫描，确认中央峰与7V Run时差值在0.1°，然后选择10V运行。如果中央峰差值大于0.1°，那是因为没有从同一位置开始扫描，请选择停止，应该重做一个或多个运行。

【注意事项】

△ 注意导线的连接稳固性。

△ 旋转可移动臂的时候尽量缓慢匀速。

△ 在输入式（A4）时注意角度的单位。

△ 在输入式（A5）时删除折射率小于1.635的部分，防止出现无限大值。

【实验结果分析1】

钨丝曲线发出的波长通过测量色散角度来计算。详细的计算过程在附录中详细讨论。角度越大，波长越小。波长的极限是400nm～2500nm。因为只有波长在这个范围之间的光才有效，而2500nm波长的光不能通过玻璃棱镜。

如果在4V、7V和10V的实验中的曲线在图中不能显示，那么单击数据选择工具（ ），然后点击黑色小三角，选择所有实验运行。

（1）随着温度的增加，峰值转向更短还是更长的波长？

（2）随着温度的增加，相对光强会怎样变化？这是否同意式（8-2）的预测？

（3）灯泡的颜色随温度如何变化？颜色组成的光谱随温度如何变化？考

虑峰值对应的波长，为什么一个灯泡的灯丝在低温时呈红色，在高温时呈白色呢？

（4）太阳光谱的峰值对应的波长是多少？太阳是什么颜色的？为什么呢？

（5）最高温度对应的强度是在光谱的可见光部分，还是在光谱的红外部分（强度与波长的关系曲线图）？怎么提高灯泡发出的光中可见光所占的比例？

【实验结果分析2】

（1）灯丝温度可以利用通过灯丝两端的电流和当前测量到的电压来计算。对于计算过程，详见附录2。在第一绝对温度列的顶部"无数据"的地方，选择"4V运行"。同样，选择7V运行和10V运行作为其他两个绝对温度列。

（2）灯座的电阻 R_{hold} 由灯丝温度表中左边列给出，大概是 1.0Ω、2.0Ω 和 4.0Ω，这些值显示出本实验中温度对实验结果的敏感性。

（3）可选方法：想得到灯座的电阻 R_{hold}，需要用一个很好的欧姆表连接灯座两端进行测量。但是必须在室温下进行测量，这就意味着，需要在电灯断电后等候一个小时进行测量。用橡胶型接头连接欧姆表，将橡胶型接头连接在一起，用欧姆表调零，然后连接灯座。如果灯座的电阻是 0.93Ω，则 $R_{hold} = R_{meas} - 0.93\Omega - 0$。然而，还有一个棘手的测量问题，因为电阻都很小，取决于橡胶型接头的连接方式。此外，它们也会随系统温度变化而变化。如果测量的值和 1.0Ω 有差别（当然，差别不是很大），则用所测数据代替灯丝温度表中的 1.0Ω。灯座的电阻会和温度一起变化。

点击图形工具栏中数据显示图标（▲▼），并选择4V运行。点击 Resize 工具（◩），并使用智能工具（✛）在 PASCO 钨丝强度—波长曲线图中查找最大强度对应的波长。这可能刚好达到眼球的峰值中心，而不是对智能光标的峰值功能进行快照捕捉，因为往往有些杂峰干扰。用式（8-2）计算温度。在【实验结果分析3】第（1）步中输入你的数值。重复7V Run 和10V Run 实验步骤。

【实验结果分析3】

（1）计算温度（最大波长）。

①10V 运行；

②7V 运行；

③4V 运行。

（2）你同意通过灯丝电阻推算灯丝温度的方法吗？（灯丝温度表在临时表的下面）

（3）点击数据显示图标（　　　），然后选择 10V 运行。点击 Re-size 工具（　）。光强理论图是使用普朗克公式计算。可以通过检查计算 10～14 行来验证这一点。更改 14 行的温度（Temp），以匹配计算的温度值。确保在图的左侧和右侧的刻度是一样的！如果不是，通过移动垂直刻度上的光标来改变其中一个数字，当光标变为一个手形图标时，单击并拖动，直到两者是相同的值。

（4）第十六行的"刻度"是因为宽频谱传感器而未作校准，因为普朗克公式给出了每个光源每平方米辐射功率，而我们的传感器比 1 平方米小很多，而且要在离灯丝几厘米处检测光强。这意味着我们需要在计算 11 行时，内置大约 10^{-11} 的比例因子。第十六行允许我们进行微调。目前"刻度"是 1.02，改变该刻度，直到黑体曲线（I_{means}）大致和钨丝曲线相匹配，但是每个地方都要比匹配值高一点。

（5）曲线的形状和理论曲线是相一致的吗？灯泡真的算是一个黑体吗？

实际物体的辐射比黑体辐射要弱。实际物体辐射光强 $I_{real} = e(\lambda)I_{plank}$，这里的 $e(\lambda)$ 被称为辐射率，是波长的函数，并且始终小于 1。钨丝在 2000K 时都没有被氧化，此时对于所有波长，$e(\lambda)$ 的平均值为 0.260，在 3000K 时是 0.334。对于真实的黑体辐射曲线，是"刻度"值的 3 倍，所以黑体辐射曲线就是将钨丝的曲线放大三倍。此时需要调整纵坐标。调整右边的理论光强 I_{theory}，直到 I_{theory} 能绘制出图中所有的显示，然后调整左边比例直到两边比例一致。钨丝的波峰对应的波长比黑体辐射波峰对应的波长要短 20nm。这样就得到了钨丝理想的和实际的两条曲线。

【附录】

附录1：推导波长关于角度的函数

（1）波长计算：玻璃棱镜的折射率随光波长的变化而变化。为确定波长关于角度的函数，折射率和角度之间的关系采用斯涅尔定律，对于棱镜的每一面使用一些几何学和基本的三角学方法。

$$\sin 60° = n\sin\theta_2 \tag{A1}$$

$$\sin\theta = n\sin\theta_3 \tag{A2}$$

其中，n是棱镜的折射率。

$n\sin\theta_3 = n\sin(60° - \theta_2) = n(\sin 60° \cos\theta_2 - \cos 60° \sin\theta_2) = n\sin 60° \cos\theta_2 - \cos 60° \sin 60°$ ［使用式（A1）］

重新整理该式并使用式（A2）的结果：

$$n\cos\theta_2 = \left(\frac{\sin\theta}{\sin 60°}\right) + \sin 60° \tag{A3}$$

将式（A1）和式（A3）平方后相加，得到：

$$n^2(\sin^2\theta_2 + \cos^2\theta_2) = n^2 = \left[\left(\frac{\sin\theta}{\sin 60°}\right) + \sin 60°\right]^2 + \sin^2 60°$$

代入 $\sin 60°$ 和 $\cos 60°$ 的数值：

$$n = \sqrt{\left(\frac{2}{\sqrt{3}}\sin\theta + \frac{1}{2}\right)^2 + \frac{3}{4}} \tag{A4}$$

对于测量的角度我们使用式（A4）计算折射率（n），然后通过折射率（n），使用相关的棱镜折射率来计算实验波长。

我们需要基于表A1中的数据构建公式来完成计算。采用多项式和适合棱镜数据的常数。该结果并不唯一但适合数据，数据表中指数隐含的不确定性至少为0.005。

表 A1　　　　　　　　　　折射率与波长的关系

折射率	波长（nm）
1.68	2325.40
1.69	1970.10
1.69	1529.60
1.70	1060.00
1.70	1014.00
1.71	852.10
1.72	706.50
1.72	656.30
1.72	643.00
1.72	632.80
1.73	589.30
1.73	546.10
1.75	486.10
1.76	435.80
1.78	404.70

资料来源：由 PASCO 公司授权。

公式如下：

$$\lambda = A + B(n-E)^{-1} + C(n-E)^{-2} + D(n-E)^{-3} \tag{A5}$$

其中，λ 是波长，单位 nm，常数值如下：A = 320nm，B = 1nm，C = 0.2nm，D = 0.19nm，E = 1.635。

（2）发现温度：钨丝的电阻率对应宽分布变化的温度如表 A2 所示。有一个函数，近似地给出一些数据，如式（A6）所示：

$$T(K) = 103 + 38.1\rho - 0.095\rho^2 + 0.000248\rho^3 \tag{A6}$$

其中，ρ 是电阻率，单位 $10^{-8}\Omega \cdot m$。图 A1 显示了温度 T（K）、从中测得的数据（用圆圈表示）和应用公式得到的数据（用直线表示）之间的匹配程度。

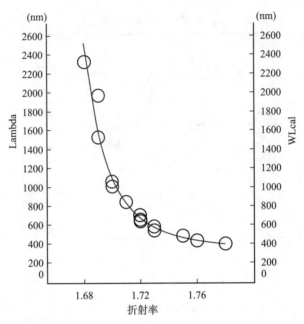

图 A1　折射率与波长的关系

资料来源：由 PASCO 公司授权。

附录 2：钨丝的电阻率对应宽分布变化的温度

钨丝的电阻率对应宽分布变化的温度如表 A2 所示。

表 A2　　　　　　　钨丝的电阻率对应宽分布变化的温度

电阻率 （×10^{-8}Ω·m）	温度 （K）	电阻率 （×10^{-8}Ω·m）	温度 （K）
5.65	300	27.94	1100
8.06	400	30.98	1200
10.56	500	34.08	1300
13.23	600	37.19	1400
16.09	700	40.36	1500
19.00	800	43.55	1600
21.94	900	46.78	1700
24.93	1000	50.05	1800

续表

电阻率 （$\times 10^{-8}\Omega \cdot m$）	温度 （K）	电阻率 （$\times 10^{-8}\Omega \cdot m$）	温度 （K）
53.35	1900	88.33	2900
56.67	2000	92.04	3000
60.06	2100	95.76	3100
63.48	2200	99.54	3200
66.91	2300	103.30	3300
70.39	2400	107.20	3400
73.91	2500	111.10	3500
77.49	2600	115.00	3600
81.04	2700	115.00	3600
84.70	2800	115.00	3600

资料来源：由 PASCO 公司授权。

有一个函数，近似地给出一些数据，如式（A7）所示：

$$T(K) = 103 + 38.1\rho - 0.095\rho^2 + 0.000248\rho^3 \qquad (A7)$$

其中，ρ 是电阻率，单位 $10^{-8}\Omega \cdot m$。图 A2 显示了温度 T（K）、从表 A2 中测得的数据（用圆圈表示）和应用公式得到的数据（用直线表示）之间的匹配程度。

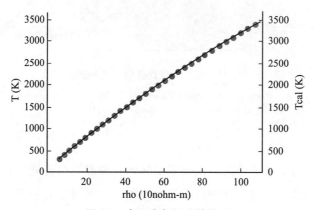

图 A2　电阻率与温度的关系

资料来源：由 PASCO 公司授权。

我们可以忽略灯丝的膨胀，有一个非常好的近似值，于是电阻率直接和电阻有关，写出式（A8）：

$$\frac{\rho}{\rho_0} = \frac{R_{fil}}{R_0} = \frac{R_{meas} - R_{hold}}{R_0} = \frac{V/I - R_{hold}}{R_0}$$

$$\rho = \rho_0 \frac{V/I - R_{hold}}{R_0} \qquad (A8)$$

其中，ρ_0 是室温下的电阻率（$\rho_0 = 5.65 \times 10^{-8} \Omega \cdot m$），$R_0$ 是灯丝在室温下的电阻值（$R_0 = 0.93\Omega$），R_{fil} 是灯丝在其他温度下的电阻值，R_{hold} 是灯座的电阻值，$R_{meas} = \dfrac{V}{I}$ 是测出来的灯头加灯的电阻值，I 是流过灯丝的电流，V 是测出来的，直接通过灯座的电压。通过测量 V、I、R_{hold}，使用式（A6）和式（A7），我们可以确定灯丝的温度。

附录 3：分光光度计的设置

分光光度计系统如图 8-3 所示，分光光度计基座如图 A3 所示。

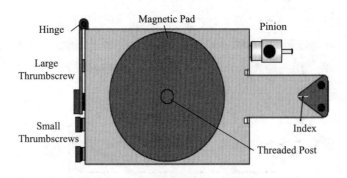

图 A3　分光光度计基座（前视图）

注：Hinge：铰链；Magnetic Pad：磁垫；Pinion：小齿轮；Large Thumbscrew：大的翼形螺丝；Small Thumbscrews：小的翼形螺丝；Index：指针；Threaded Post：螺纹杆。
资料来源：由 PASCO 公司授权。

第一，在分光光度计的基座上安装转动传感器。分光光度计的基座上方有一个用于给圆度盘定心并固定光栅底座的短螺纹杆。它也有一个用于容纳度盘的磁垫和一个三角形的指针标记。在底座的一侧有一个位置，平时不使用时可以被小齿轮锁定；另一侧有用于安装转动传感器的一个弹簧铰链和两个小的翼形螺丝（包含在分光光度计系统中）。基座的两边有大的翼形螺丝和方形螺母用于在光学导轨上安装分光光度计的基座。

转动传感器具有一个由小翼形螺丝链接到轴的三步轮。该传感器还有一个附在一端的杆夹。先从转动传感器的轴去掉小翼形螺丝和三步轮，然后从转动传感器上拆下杆夹，从分光光度计基座一侧的螺纹储存口拆下两个小翼形螺丝，并将它们放到一旁。旋转铰链使其远离底座，直到铰链几乎与基底完全垂直。使用两个小翼形螺丝将转动传感器固定在铰链下的内孔当中。将小齿轮尽可能地固定在转动传感器上，并转动小齿轮一侧的小翼形螺丝以拧紧小齿轮（见图A4）。将转动传感器接到PASCO接口上。

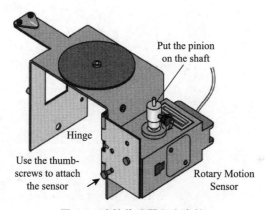

图 A4 连接传感器和小齿轮

注：Put the pinion on the shaft：将小齿轮放置轴上；Hinge：铰链；Use the thumbscrews to attach the sensor：使用翼形螺丝来连接到传感器上；Rotary Motion Sensor：转动传感器。

资料来源：由PASCO公司授权。

第二，安装度盘和光传感器臂。将度盘和光传感器臂作为同一个单元运作，将光传感器臂用两个小翼形螺丝固定在圆度板上，将度盘的中心孔洞套在短螺丝分光光度计基座的短螺丝上。

将转动传感器稍微偏离基座，使得小齿轮顶部的直径不在度盘的边缘；将板孔放置在底座上方的短螺母上；将度盘放置到分光光度计的基座上，使小齿轮顶部的直径靠在度盘的边缘上（见图A5）。

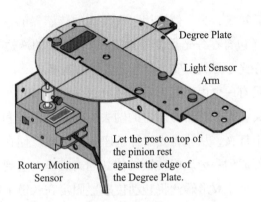

图 A5　基座上的度盘

注：Degree Plate：度盘；Light Sensor Arm：光传感器臂；Rotary Motion Sensor：转动传感器；Let the post on top of the pinion rest against the edge of the Degree Plate。

资料来源：由 PASCO 公司授权。

实验九

塞曼效应

　　1896 年荷兰物理学家彼得·塞曼（Pieter Zeeman）发现，把光源放在足够强的磁场内时，所发射的光谱分裂成几条，而且分裂的谱线是偏振的。分裂的条数随能级类别不同而不同，这种现象称为塞曼效应。其中，又分为正常塞曼效应和反常塞曼效应。随着对反常塞曼效应的研究，促进了电子自旋概念的引入，从而推进了量子理论的发展。塞曼效应是法拉第效应和克尔效应之后发现的第三个磁光效应，被誉为继 X 射线之后物理学最重要的发现之一。

　　本实验的主要目的是用法布里—珀罗标准具研究塞曼效应。观察 Hg5461Å 谱线的分裂现象以及它们的偏振状态，并通过摄谱及测量确定电子的荷质比 $\frac{e}{m}$ 值。

【实验原理】

1. 塞曼效应原理概述

　　塞曼效应的产生是由于原子磁矩与磁场作用的结果。在忽略很小的核磁矩的情况下，原子的总磁矩等于电子的轨道磁矩和自旋磁矩之和。有效总磁矩 $\vec{\mu}_j$，其数值为：$\mu_j = g \dfrac{e}{2m} P_j$（e、m 分别为电子的电荷和质量，g 为朗德因子）。

　　对于 LS 耦合：

$$g = 1 + \frac{J(J+1) - L(L+1) + S(S+1)}{2J(J+1)} \tag{9-1}$$

当原子处于磁场中时，总角动量 $\vec{P}_j$，也就是总磁矩 $\vec{\mu}_j$ 将绕磁场方向作旋进，这使原子能级有一个附加能量：

$$\Delta E = \mu_j B \cos(\vec{P}_j \vec{B}) = g\frac{e}{2m}BP_j\cos(\vec{P}_j\vec{B}) \tag{9-2}$$

由于 $\vec{P}_j$ 或 $\vec{\mu}_j$ 在磁场中的取向是量子化的，即 $\vec{P}_j$ 与磁感应强度 $\vec{B}$ 的夹角 $(\vec{P}_j\vec{B})$ 不是任意的，则 $\vec{P}_j$ 在磁场方向的分量 $P_j\cos(\vec{P}_j\vec{B})$ 也是量子化的，它只能取以下数值：

$$P_j\cos(\vec{P}_j\vec{B}) = M\frac{h}{2\pi} \tag{9-3}$$

其中，M 为磁量子数，$M = J, J-1, \cdots, -J$，共 $2J+1$ 个值，于是得到 $\Delta E = Mg\mu_B B$。其中，玻尔磁子 $\mu_B = \frac{he}{4\pi m} = 9.2741 \times 10^{-24} J \cdot T$。

式 (9-3) 说明在稳定的磁场情况下，附加能量可有 $2J+1$ 个可能数值。也就是说，由于磁场的作用，使原来的一个能级分裂成 $2J+1$ 个能级，而能级的间隔为 $g\mu_B B$，由能级 E_1 和 E_2 间的跃迁产生的一条光谱线的频率为：$h\upsilon = E_1 - E_2$，在磁场中，由于 E_1 和 E_2 能级的分裂，光谱线也发生分裂，它们的频率 υ' 与能级的关系为：

$$h\upsilon' = (E_2 + \Delta E_2) - (E_1 + \Delta E_1) = h\upsilon + (M_2 g_2 - M_1 g_1)\mu_B B \tag{9-4}$$

分裂谱线与原线频率之差为：

$$\Delta\upsilon = \upsilon' - \upsilon = (M_2 g_2 - M_1 g_1)\frac{eB}{4\pi m} \tag{9-5}$$

换为波数差的形式：

$$\Delta\bar{\upsilon} = \upsilon' - \upsilon = (M_2 g_2 - M_1 g_1)\frac{eB}{4\pi m} \tag{9-6}$$

其中，$\frac{eB}{4\pi m}$ 为正常塞曼效应时的裂距（相邻谱线之波数差），规定以此为裂距单位，称为洛伦兹单位，以 L 表示，则可写为：

$$\Delta\bar{\upsilon} = \upsilon' - \upsilon = (M_2 g_2 - M_1 g_1)L \tag{9-7}$$

M 的选择定则为 $\Delta M = 0, \pm 1$（$\Delta J = 0$，$M_2 = 0 \rightarrow M_1 = 0$ 的跃迁被禁止）。

（1）$\Delta M = 0$ 垂直于磁场方向（横向）观察时，谱线为平面偏振光，电矢量平行于磁场方向。如果沿与磁场平行方向（纵向）观察，则见不到谱线，此分量称为 π 成分。

（2）ΔM = 1 迎着磁场方向观察时，谱线为左旋圆偏振光（电矢量转向与光传播方向呈右手螺旋）；在垂直于磁场方向（横向）观察时，则为线偏振光，其电矢量与磁场垂直，此分量称为 σ⁺ 成分。

（3）ΔM = −1 迎着磁场方向观察时，谱线为右旋圆偏振光（电矢量转向与光传播方向呈左手螺旋）；在垂直于磁场方向（横向）观察时，则为线偏振光，其电矢量与磁场垂直，此分量称为 σ⁻ 成分。

以汞 546.1nm 光谱线的塞曼分裂为例，如图 9 – 1 所示。

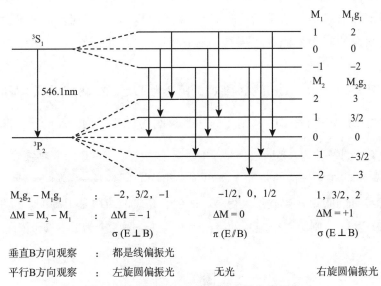

图 9 – 1 汞 546.1nm 谱线的塞曼分裂示意

资料来源：潘正坤、杨友昌：《近代物理实验》，西南交通大学出版社 2014 年版。

由图 9 – 1 可见，在与磁场垂直的方向可观察到 9 条塞曼分裂谱线，沿磁场方向只可观察到 6 条谱线。由计算可知，相邻谱线的间距均为 1/2 个洛伦兹单位。

由公式 $\Delta\lambda = \dfrac{eB}{4\pi m}\lambda^2 B$，我们可估算出塞曼分裂的波长差数量级的大小。

设 $\lambda = 5000\text{Å}$，$B = 1\text{T}$ 而 $\dfrac{eB}{4\pi m}$ 可算得为 46.7T/m，将各个数据代入得 $\Delta\lambda =$ 0.1Å，可见分裂的波长差非常小。要分辨波长差如此小的谱线，普通的摄谱仪是不能胜任的，必须用分辨本领相当高的光谱仪器，如大型光栅摄谱仪、阶梯光栅、法布里—珀罗标准具（简称 F-P 标准具）等。在本实验中我们使用 F-P 标准具作为色散器件。

2. F-P 标准具简介

这一光学仪器是由法布里—珀罗在 1897 年首先制造和使用的，并因此而得名，它是高分辨仪器中应用最广的一种。它主要是由两块平行玻璃板组成，而二极板间的距离可用非常精密的螺丝杆在严格的平面上滑动，以改变间距并精确地保持平行，这种仪器称为 F-P 干涉仪。两平板用石英或铟钢制成的间距器隔开以保持两板的平行和有固定间距的，称为 F-P 标准具。

如图 9-2 所示，A、B 二极板间的距离为 d，光的入射角为 φ，板间的媒质为空气（折射率设为 1），则相邻两光束间的位相差为：$\Delta = \dfrac{2\pi}{\lambda} \cdot 2d\cos\varphi$，形成亮条纹的条件为：$2d\cos\varphi = k\lambda$，k 为干涉级次。F-P 标准具在宽广单色光源照射下，在聚光镜的焦面上将出现一组同心圆环——等倾干涉圈。由于 F-P 标准具的间距 d 比波长大得多，故中心亮斑的级次是很高的。设中心亮斑的级次为 k_m，则第一个圆环的级次为 $k_m - 1$，第二个为 $k_m - 2$，依次类推。

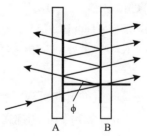

图 9-2 F-P 标准具的原理

资料来源：何元金、马兴坤：《近代物理实验》，清华大学出版社 2003 年版。

3. F－P 标准具的自由光谱区 $\Delta\lambda_{FSR}$

假设入射光中包含两种波长，其波长分别为 λ_1 与 λ_2，且 λ_1 和 λ_2 很接近。与不同波长 λ_1 和 λ_2 对应的同一级次的干涉，具有不同的角半径 φ_1 和 φ_2，故这两种波长的光各产生一组亮圆环。如果 $\lambda_1 > \lambda_2$，则 λ_2 的各级圆环套在波长 λ_1 相应的各级圆环上，如图 9－3 所示。

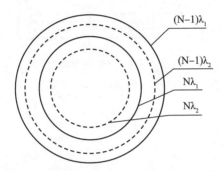

图 9－3　波长为 λ_1 和 λ_2 的光的等倾干涉圆环

资料来源：刘海霞、康颖：《近代物理实验》，中国海洋大学出版社 2013 年版。

波长差 $\Delta\lambda = \lambda_1 - \lambda_2$ 的值愈大，两组圆环离得愈远，当波长差 $\Delta\lambda$ 增加到使 λ_2 的 k 级亮圆环移动到 λ_1 的（k－1）级亮圆环上，使两环重合，这时的波长差称为 F－P 标准具的自由光谱区，以 $\Delta\lambda_{FSR}$ 表示。对于近中心的干涉圆环，$\varphi = 0$，$2d = k\lambda$，则有：$\Delta\lambda_{FSR} = \dfrac{\lambda^2}{2d}$。设 $\lambda = 5000\text{Å}$，$d = 10\text{mm}$，则 $\Delta\lambda_{FSR} = 0.12\text{Å}$。

4. 微小波长差的测定公式

对同一级次有微小波长差的不同波长 λ_a、λ_b、λ_c 而言，在相邻干涉次级 k 级与（k－1）级下有：$\Delta\tilde{\upsilon}_{ba} = \tilde{\upsilon}_b - \tilde{\upsilon}_a = \dfrac{1}{2d}\dfrac{\Delta D_{ba}^2}{\Delta D^2}$，$\Delta\tilde{\upsilon}_{cb} = \tilde{\upsilon}_c - \tilde{\upsilon}_b = \dfrac{1}{2d}\dfrac{\Delta D_{cb}^2}{\Delta D^2}$。其中，d 为标准具常数，如图 9－4 所示。

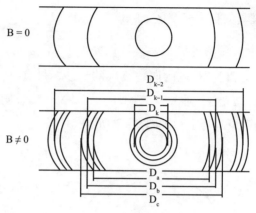

图 9 - 4　波长差测定

资料来源：郑建洲：《近代物理实验》，科学出版社 2017 年版。

【实验仪器】

实验装置如图 9 - 5 所示，由电磁铁、F - P 标准具（2mm）、干涉滤光片、会聚透镜、偏振片、CCD、导轨、电脑、1/4 波片、笔形汞灯、高斯计组成。

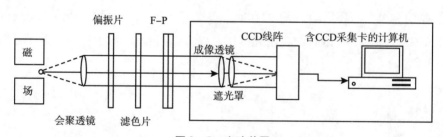

图 9 - 5　实验装置

资料来源：张力：《近代物理实验》，云南大学出版社 2008 年版。

【实验内容和步骤】

（1）调整光路，使光束通过各光学元件的中心。调节 F - P 标准具的平行度，使能观察到清晰的等倾干涉圆环。

（2）逐渐加大磁铁电流，观察 Hg5461Å 谱线的塞曼分裂现象。分别从横向和纵向观察谱线的分支数和偏振状态。判别平面偏振的偏振方向及圆偏振光圆偏振的旋向。将所观察到的结果与理论相比较，并在实验报告中作全面报告。

（3）拍摄 Hg5461Å π 成分，同时测出磁感应强度。

（4）用读数显微镜选出 4 个级次的干涉环进行圆环直径的测量。通过公式计算出电子的荷质比 $\frac{e}{m}$ 之值。

（5）进行误差分析和讨论。

【问题及反思】

1. 对 Hg5461Å 谱线，在用 1 特斯拉的磁场条件下观察塞曼效应，应选用多大间距 d 的 F–P 标准具比较合适？

2. 在用 F–P 标准具观察塞曼分裂时，你是如何识别属于同一公式级次光谱的？

3. 如何通过塞曼效应实验中所观察到的 π 及 σ 分量的指数，来确定能级的 M、J 量子数？若已测得相邻谱线间隔的洛伦兹单位数，如何进一步确定 L、S 量子数及 g 因子？

实验十

夫兰克—赫兹实验

尼尔斯·玻尔（Niels Bohr）的原子模型理论认为，原子是由原子核和以核为中心沿各种不同直径的轨道旋转的一些电子构成的，如图 10-1 所示。对于不同的原子，这些轨道上的电子数分布各不相同。一定轨道上的电子，具有一定的能量。当电子处在某些轨道上运动时，相应的原子就处在一个稳定的能量状态，简称为定态。当某一原子的电子从低能量的轨道跃迁到较高能量的轨道时，我们就说该原子进入受激状态。如果电子从轨道Ⅰ跃迁到轨道Ⅱ，该原子进入第一受激态，如从Ⅰ到Ⅲ则进入第二受激态等。玻尔原子模型理论指出：

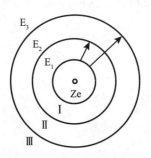

图 10-1　原子结构示意

资料来源：高铁军、孟祥省、王书运：《近代物理实验》，科学出版社 2017 年版。

第一，原子只能处在一些不连续的稳定状态（定态）中，其中每一定态相应于一定的能量 E_i（$i = 1, 2, 3, \cdots, m, \cdots, n$）。

第二，当一个原子从某定态 E_m 跃迁到另一定态 E_n 时，就吸收或辐射一定频率的电磁波，频率的大小决定于两定态之间的能量差 $E_n - E_m$，并满足以下关系：$h\nu = E_n - E_m$。其中，普朗克常数 $h = 6.63 \times 10^{-34} J \cdot s$。

原子在正常情况下处于基态，当原子吸收电磁波或受到其他有足够能量的粒子碰撞而交换能量时，可由基态跃迁到能量较高的激发态。从基态跃迁到第一激发态所需的能量称为临界能量。当电子与原子碰撞时，如果电子能量小于临界能量，则发生弹性碰撞，电子碰撞前后能量不变，只改变运动方向；如果电子动能大于临界能量，则发生非弹性碰撞，这时电子可把数值为 $\Delta E = E_n - E_1$ 的能量交给原子（E_n 是原子激发态能量，E_1 是基态能量），其余能量仍由电子保留。

如初始能量为零的电子在电位差为 U_0 的加速电场中运动，则电子可获得的能量为 eU_0；如果加速电压 U_0 恰好使电子能量 eU_0 等于原子的临界能量，即 $eU_0 = E_2 - E_1$，则称 U_0 为第一激发电位，或临界电位。测出这个电位差 U_0，就可求出原子的基态与第一激发态之间的能量差 $E_2 - E_1$。

原子处于激发态是不稳定的。不久就会自动回到基态，并以电磁辐射的形式放出以前所获得的能量，其频率可由关系式 $h\nu = eU_0$ 求得。在玻尔发表原子模型理论的第二年（1914 年），詹姆斯·夫兰克（James Franck）和古斯塔夫·赫兹（Gustav Hertz）参照勒纳德创造反向电压法，用慢电子与稀薄气体原子（Hg；He）碰撞，经过反复试验，获得了图 10 - 2 的曲线。

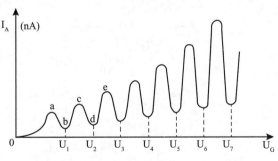

图 10 - 2　夫兰克—赫兹管的 $I_A - U_G$ 曲线

资料来源：高铁军、孟祥省、王书运：《近代物理实验》，科学出版社 2017 年版。

1915 年玻尔指出实验曲线中的电位正是他所预言的第一激发电位，从而为玻尔的能级理论找到了重要实验依据。这是物理学发展史上理论与实验良性互动的又一个极好例证。夫兰克及赫兹二人因此同获 1925 年诺贝尔物理学奖。夫兰克在领奖演说中提道：在用电子碰撞方法证明向原子传递的能量是量子化的这一研究中，我们走了一些弯路。我们的工作之所以会获得广泛的承认，是由于它和普朗克，特别是和玻尔的伟大思想有了联系。

【实验目的】

测定氩原子第一激发电位，证明原子能级的存在。

【实验原理】

实验原理如图 10 - 3 所示，在充氩的夫兰克—赫兹管中，电子由阴极 K 发出，阴极 K 和第一栅极 G1 之间的加速电压 V_{G1K} 及与第二栅极 G2 之间的加速电压 V_{G2K} 使电子加速。在板极 A 和第二栅极 G2 之间可设置减速电压 V_{G2A}，管内空间电压分布见图 10 - 4。

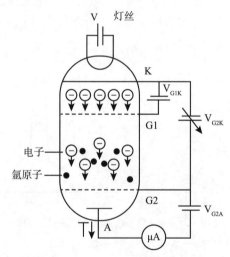

图 10 - 3　夫兰克—赫兹实验原理

资料来源：高铁军、孟祥省、王书运：《近代物理实验》，科学出版社 2017 年版。

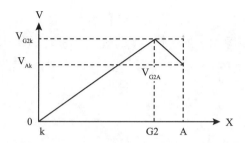

图 10 - 4　夫兰克—赫兹管内空间电位分布原理

资料来源：高铁军、孟祥省、王书运：《近代物理实验》，科学出版社 2017 年版。

注意：第一栅极 G1 和阴极 K 之间的加速电压 V_{G1K} 约 1.5V 的电压，用于消除阴极电压散射的影响。

当灯丝加热时，阴极的外层即发射电子，电子在 G1 和 G2 间的电场作用下被加速而取得越来越大的能量。但在起始阶段，由于电压 V_{G2K} 较低，电子的能量较小，即使在运动过程中，它与原子相碰撞（为弹性碰撞）也只有微小的能量交换。这样，穿过第二栅极的电子所形成的电流 I_A 随第二栅极电压的增加而增大（见图 10 - 2ab 段）。

当 V_{G2K} 达到氩原子的第一激发电位时，电子在第二栅极附近与氩原子相碰撞（此时产生非弹性碰撞）。电子把从加速电场中获得的全部能量传递给氩原子，使氩原子从基态激发到第一激发态，而电子本身由于把全部能量传递给了氩原子，即使它穿过第二栅极，也不能克服反向拒斥电压而被折回第二栅极，所以板极电流 I_A 将显著减小（如图 10 - 2ab 段）。氩原子在第一激发态不稳定，会跃迁回基态，同时以光量子形式向外辐射能量。以后随着第二栅极电压 V_{G2K} 的增加，电子的能量也随之增加，与氩原子相碰撞后还留下足够的能量，这就可以克服拒斥电压的作用力而到达板极 A，这时电流又开始上升（如图 10 - 2bc 段），直到 V_{G2K} 是 2 倍氩原子的第一激发电位时，电子在 G2 与 K 间又会因第二次弹性碰撞失去能量，因而造成第二次板极电流 I_A 的下降（如图 10 - 2cd 段），这种能量转移随着加速电压的增加而呈周期性的变化。若以 V_{G2K} 为横坐标，以板极电流值 I_A 为纵坐标就可以得到谱峰曲线，两相邻谷点（或峰尖）间的加速电压差值，即为氩原子的第一激发电位值。

这个实验就说明了夫兰克—赫兹管内的电子缓慢与氩原子碰撞，能使原子从低能级被激发到高能级，通过测量氩的第一激发电位值（11.5V 是一个定值，即吸收和发射的能量是完全确定、不连续的）说明了玻尔原子能级的存在。

【实验仪器】

智能夫兰克—赫兹实验仪

1. 智能夫兰克—赫兹实验仪面板及基本操作介绍

（1）智能夫兰克—赫兹实验仪前面板功能说明。

智能夫兰克—赫兹实验仪前面板如图 10 - 5 所示，以功能划分为八个区。

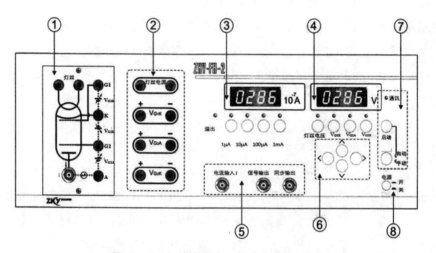

图 10 - 5　智能夫兰克—赫兹实验仪面板

资料来源：由成都世纪中科仪器有限公司授权。

区①是智能夫兰克—赫兹管各输入电压连接插孔和板极电流插座。

区②是夫兰克—赫兹管所需激励电压的输出连接插孔，其中左侧输出孔为正极，右侧为负极。

区③是测试电流指示区。

四位七段数码管指示电流值；四个电流量程档位选择按键用于选择不同的最大电流量程档；每一个量程选择同时备有一个选择指示灯指示当前电流

量程档位。

区④是测试电压指示区。四位七段数码管指示当前选择电压源的电压值；四个电压源选择按键用于不同的电压源；每一个电压量程选择都备有一个选择指示灯指示当前选择的电压源。

区⑤是测试信号输入输出区。电流输入插座输入夫兰克—赫兹管极电流；信号输出和同步输出插座可将信号送示波器显示。

区⑥是调整按键区。用于改变当前电压设定值；设置查询电压点。

区⑦是工作状态指示区。通信指示灯指示实验仪与计算机的通信状态；启动按键与工作方式按键共同完成多种操作，详细说明见相关栏目。

区⑧是电源开关。

（2）智能夫兰克—赫兹实验仪后面板说明。

智能夫兰克—赫兹实验仪后面板上有交流电源插座，插座上自带有保险管座；如果实验仪已升为微机型，则通信插座可联计算机，否则，该插座不可使用。

（3）夫兰克—赫兹实验仪连线说明。

在确认供电电网电压无误后，将随机提供的电源连线插入后面板的电源插座中，按图 10 – 6 连接面板上的连线。务必反复检查，切勿连错！！！

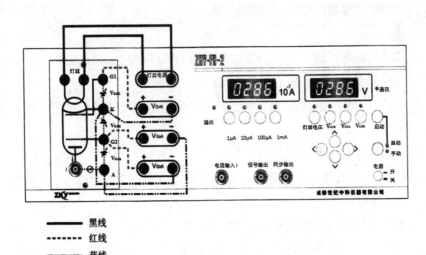

图 10 – 6 智能夫兰克—赫兹实验仪连线

资料来源：由成都世纪中科仪器有限公司授权。

（4）开机后的初始状态。

开机后，实验仪面板状态显示如下：

①实验仪的"1mA"电流挡位指示灯亮，表明此时电流的量程为1mA档；电流显示值为000.0μA（若最后一位不为0，属正常现象）。

②实验仪的"灯丝电压"档位指示灯亮，表明此时修改的电压为灯丝电压；电压显示值为000.0V；最后一位在闪动，表明现在修改位为最后一位。

③"手动"指示灯亮，表明此时实验操作方式为手动操作。

（5）变换电流量程。

如果想变换电流量程，则按下在区③中的相应电流量程按键，对应的量程指示灯点亮，同时电流指示的小数点位置随之改变，表明量程已变换。

（6）变换电压源。

如果想变换不同的电压，则按下在区④中的相应电压源按键，对应的电压源指示灯随之点亮，表明电压源变换选择已完成，可以对选择的电压源进行电压值设定和修改。

（7）修改电压值。

按下前面板区⑥上的←/→键，当前电压的修改位将进行循环移动，同时闪动位随之改变，以提示目前修改的电压位置。按下面板上的↑/↓键，电压值在当前修改位递增/递减一个增量单位。

注意：

①如果当前电压值加上一个单位电压值的和值超过了允许输出的最大电压值，再按下↑键，电压值只能修改为最大电压值。

②如果当前电压值减去一个单位电压值的差值小于零，再按下↓键，电压值只能修改为零。

（8）建议工作参数。

警告：F-H管很容易因电压设置不合适而遭到损害，所以一定要按照规定的实验步骤和适当的状态进行实验。

由于F-H管的离散性以及使用中的衰老过程，每一只F-H管的最佳工作状态是不同的，对具体的F-H管应在机箱上盖建议参数的基础上找出其较理想的工作状态。

注：贴在机箱上盖的标牌参数，是在出厂时"自动测试"工作方式下的

设置参数（手动方式、自动方式都可参照）。如果在使用过程中，波形不理想，则可适当调节灯丝电压、V_{G1K}电压、V_{G2A}电压（灯丝电压的调整建议控制在标牌参数的 ±0.3V 范围内）以获得较理想的波形，但灯丝电压不宜过高，否则会加快 F－H 管衰老。V_{G2K}不宜超过85V，否则管子易击穿。

2. 手动测试

下面是用智能夫兰克—赫兹实验仪实验主机单独完成夫兰克—赫兹实验的介绍。

（1）认真阅读实验教程，理解实验内容。

（2）按夫兰克—赫兹实验仪连线说明的要求完成连线连接。

（3）检查连线连接，确认无误后按下电源开关，开启实验仪。

（4）检查开机状态，应与开机后的初始状态一致。

（5）开机预热：电流量程、灯丝电压、V_{G1K}电压、V_{G2A}电压设置参数见仪器机箱上盖的标牌参数，将 V_{G2K} 设置为30V，实验仪预热10分钟。

（6）参见建议工作参数设置各组电源电压值和电流量程。

操作方法参见变换电压源、修改电压值的流程。需设定的电压源有：灯丝电压 V_F、V_{G1K}、V_{G2A}，设定状态参见建议工作参数或随机提供的工作条件。

（7）测试操作与数据记录。

测试操作过程中，每改变一次电压源 V_{G2K} 的电压值，F－H 管的板极电流值随之改变。此时记录下区③显示的电流值和区④显示的电压值数据，以及环境条件，待实验完成后，进行实验数据分析。改变电压 V_{G2K} 的电压值的操作方法参见变换电压源和修改电压值叙述的方法进行。

电压源 V_{G2K} 的电压值的最小变化值是 0.5V。为了快速改变 V_{G2K} 的电压值，可按修改电压值叙述的方法先改变调整位的位置，再调整电压值，可以得到每步大于 0.5V 的调整速度。

（8）示波器显示输出。

测试电流也可以通过示波器进行观测。将区⑤的"信号输出"和"同步输出"分别连接到示波器的信号通道和外同步通道，调节好示波器的同步状态和显示幅度，按上一步方法操作实验仪，在示波器上可看到 F－H 管板极电流的即时变化。

（9）重新启动。

在手动测试的过程中，按下区⑦中的启动按键，V_{G2K} 的电压值将被设置为零，内部存储的测试数据被清除，示波器上显示的波形被清除，但 V_F、V_{G1K}、V_{G2K}、电流挡位等的状态不发生改变。这时，操作者可以在该状态下重新进行测试，或修改状态后再进行测试。

3. 自动测试

智能夫兰克—赫兹实验仪除可以进行手动测试外，还可以自动测试，此时，实验仪将自动产生 V_{G2K} 扫描电压，完成整个测试过程；将示波器与实验仪相连接，在示波器上可看到 F－H 管板极电流随 V_{G2K} 电压变化的波形。

（1）自动测试状态设置。

自动测试时，V_F、V_{G1K}、V_{G2A} 及电流挡位等状态设置的操作过程，F－H 管的连线操作过程与手动测试操作过程一样，可看（1）~（6）条的介绍（若仪器已经开机预热，就不用再预热）。

如果通过示波器观察自动测试过程，可将区⑤的"信号输出"和"同步输出"分别连接到示波器的信号通道和外同步通道，调节好示波器的同步状态和显示幅度。

建议工作状态和手动测试情况下相同。

（2）V_{G2K} 扫描终止电压的设定。

进行自动测试时，实验仪自动产生 V_{G2K} 扫描电压。实验仪默认 V_{G2K} 扫描电压的初始值为零，V_{G2K} 扫描电压大约每 0.4s 递增 0.2V，直到扫描终止电压。

要进行自动测试，必须设置电压 V_{G2K} 的扫描终止电压。先将面板区⑦中的"手动/自动"测试键按下，自动测试指示灯亮；在区④按下 V_{G2K} 电压源选择键，V_{G2K} 电压源选择指示灯亮；在区⑥用↑/↓、←/→完成 V_{G2K} 电压值的具体设定。V_{G2K} 设定终止值建议以不超过 85V 为好。

（3）自动测试启动。

自动测试状态设置完成后，在启动自动测试过程前应检查 V_F、V_{G1K}、V_{G2K}、V_{G2A} 的电压设定值是否正确，电流量程选择是否合理，自动测试指示灯是否正确指示。如有不正确的项目，请按前两步重新设置正确。

如果所有设置都正确、合理，将区④的电压源选为 V_{G2K}，再按面板上区⑦的"启动"键，自动测试开始。在自动测试过程中，通过面板的电压指示区（区④），测试电流指示区（区③），观察扫描电压 V_{G2K} 与 F－H 管板极电流的相关变化情况。

如果连接了示波器，可通过示波器观察扫描电压 V_{G2K} 与 F－H 管板极电流的相关变化的输出波形。在自动测试过程中，为避免面板按键误操作，导致自动测试失败，面板上除"手动/自动"按键外的所有按键都被屏蔽禁止。

（4）测试过程。

在自动测试过程中，只要按下"手动/自动"键，手动测试指示灯亮，实验仪就中断了自动测试过程，恢复到开机初始状态。所有按键都被再次开启工作，这时可进行下一次的测试准备工作。

本次测试的数据依然留在实验仪主机的存储器中，直到下次测试开始时才被消除，所以示波器仍会观测到部分波形。

（5）自动测试过程正常结束。

当扫描电压 V_{G2K} 的电压值大于设定的测试终止电压值后，实验仪将自动结束本次自动测试过程，进入数据查询工作状态。测试数据保留在实验仪主机的存储器中，供数据查询过程使用，所以示波器仍可观测到本次测试数据所形成的波形。直到下次测试开始时才刷新存储器的内存。

（6）自动测试后的数据查询。

自动测试过程正常结束后，实验仪进入数据查询工作状态。这时面板按键除区③部分还被禁止外，其他都已开启。

区⑦的自动测试指示灯亮，区③的电流量程指示灯指示于本次测试的电流量程选择挡位；区④的各电压源选择按键可选择各电压源的电压值指示，其中，V_F、V_{G1K}、V_{G2A} 三个电压源只能显示原设定电压值，不能通过区⑥的按键改变相应的电压值。

改变电压源 V_{G2K} 的指示值，就可查阅到本次测试过程中，电压源的扫描电压值为当前显示值时对应的 F－H 管板极电流值的大小，该数值显示于区③的电流指示表上。

（7）结束查询过程，恢复初始状态。

当需要结束查询过程时，只要按下区⑦的"手动/自动"键，区⑦的手动测试指示灯亮，查询过程结束，面板按键再次全部开启。原设置的电压状态被消除，实验仪存储的测试数据被清除，实验仪恢复到初始状态。

4. 实验仪与计算机联机测试

本节的介绍仪对已被升级成为微机型的智能夫兰克—赫兹实验仪有效。

在与计算机联机测试的过程中，实验仪面板上区⑦的自动测试指示灯亮，通信指示灯闪亮；所有按键都被屏蔽禁止；在区③、区④的电流、电压指示表上可观察到即时的测试电压值和 F-H 管的板极电流值，电流电压选择指示灯指示了目前的电流挡位和电压源选择状态；如果连接了示波器，在示波器上可看到测试波形；在计算机的显示屏上也能看到测试波形。

在与计算机联机测试的过程结束后，实验仪面板上区⑦的自动测试指示灯仍维持亮。按下区⑦的"手动/自动"键，区⑦的手动测试指示灯亮，面板按键再次全部开启；实验仪存储的测试数据被清除，实验仪恢复到初始状态。这时可使用实验仪再次进行手动或自动测试。

【实验内容】

1. 用手动方式、计算机联机测试方式测量氩原子的第一激发电位，并作比较。

2. 分析灯丝电压、拒斥电压的改变对 F-H 实验曲线的影响。

【实验步骤】

（1）熟悉实验装置结构和使用方法。

（2）按照实验要求连接实验线路，检查无误后开机。

（3）调节电压。

缓慢将灯丝电压调至 2.5V，第一阳极电压 V_{G1K} 调至 1.0V，拒斥电压 V_{G2A} 调至 5.0V，预热 10 分钟。

（4）智能夫兰克—赫兹实验仪有三种可选的工作方式：A 手动、B 自动、C 联机测试，其中 A、B 方式可不由《计算机辅助实验系统软件》控制，智能夫兰克—赫兹实验仪可单独运行。C 方式必须与计算机相连接，由计算机控制智能夫兰克—赫兹实验仪运行。

所以与之相对应，《计算机辅助实验系统软件》也有两种可选取的工作方式：

①联机显示：在这种方式中，计算机只允许作为一个显示器使用，不能干预智能夫兰克—赫兹实验仪的运行，此时的软件工作方式适用于智能夫兰克—赫兹实验仪的 A、B 方式。

②联机测试：在这种方式中，由计算机只控制智能仪的运行，此时的软件工作方式适用于智能夫兰克—赫兹实验仪的 C 方式。

（5）按机箱盖标牌上给定的参数，输入实验参数，用 A 方式进行实验，记录数据，做 $I_A - V_{G2K}$ 曲线图，求氩原子的第一激发电位。

（6）用 C 方式进行联机测试，实验参数与 A 方式的相同，打印实验曲线图，与 A 方式的结果进行比较。

（7）改变灯丝电压（调整建议控制在标牌参数的 ±0.3V 范围内）、第一阳极或拒斥电压，重复进行实验，观察实验曲线的变化，分析原因。

（8）实验结束，将实验装置恢复为初始状态。

【问题及反思】

1. 为什么 $I_A - V_{G2K}$ 曲线中的 I_A 不是突然升高、突然降低？

2. 对于图 10-2 曲线，某同学认为从左到右第一个峰对氩的第一激发电位，第二个峰对氩的第二激发电位等，试纠正他的看法，论述要有说服力。

3. 根据你测到的 U_0 值，计算氩原子从第一激发态跃迁回基态时应该辐射多大波长的光？查阅资料，与公认值比较并求出误差。

实验十一

密立根油滴实验

密立根（R. A. Millikan）在 1910～1917 年的七年间，致力于测量微小油滴上所带电荷的工作，这就是著名的密立根油滴实验，它是近代物理学发展过程中具有重要意义的实验。密立根经过长期的实验研究获得了两项重要的成果：一是证明了电荷的不连续性，即电荷具有量子性，所有电荷都是基本电荷 e 的整数倍；二是测出了电子的电荷值，即基本电荷的电荷值 $e = (1.602 \pm 0.002) \times 10^{-19}$ 库仑。

本实验就是采用密立根油滴实验这种比较简单的方法来测定电子的电荷值 e。由于实验中产生的油滴非常微小（半径约为 10^{-9} m，质量约为 10^{-15} kg），进行本实验特别需要严谨的科学态度、严格的实验操作、准确的数据处理，才能得到较好的实验结果。

【实验目的】

◇ 验证电荷的不连续性，测定基本电荷的大小。
◇ 学会对仪器的调整、油滴的选定、跟踪、测量以及数据的处理。

【实验仪器】

密立根油滴仪、显示器、喷雾器、钟油等。其中，密立根油滴仪包括油滴盒、油滴照明装置、调平系统、测量显微镜、供电电源以及电子停表、喷雾器等。

MOD-5型油滴仪的外形以实验装置图如图 11-1 所示，其改进为用CCD摄像头代替人眼观察，实验时可以通过黑白电视机来测量。

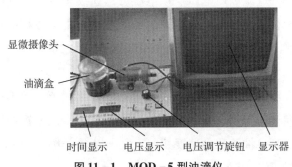

显微摄像头

油滴盒

时间显示 　电压显示 　电压调节旋钮 　显示器

图 11-1 MOD-5型油滴仪

资料来源：由南京培中科技开发研究所授权。

油滴盒是由两块经过精磨的平行极板（上、下电极板）中间垫以胶木圆环组成，平行极板间的距离为d。胶木圆环上有进光孔、观察孔和石英窗口。油滴盒放在有机玻璃防风罩中。上电极板中央有一个 $\phi0.4\text{mm}$ 的小孔，油滴从油雾室经过雾孔和小孔落入上下电极板之间，上述装置如图 11-2 所示。油滴由照明装置照明，油滴盒可用调平螺丝调节，并由水准泡检查其水平。

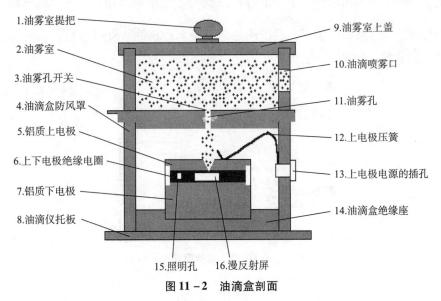

1.油雾室提把　　　　　　　　　　　9.油雾室上盖
2.油雾室　　　　　　　　　　　　　10.油滴喷雾口
3.油雾孔开关　　　　　　　　　　　11.油雾孔
4.油滴盒防风罩　　　　　　　　　　12.上电极压簧
5.铝质上电极　　　　　　　　　　　13.上电极电源的插孔
6.上下电极绝缘电圈　　　　　　　　14.油滴盒绝缘座
7.铝质下电极
8.油滴仪托板

15.照明孔　　16.漫反射屏

图 11-2 油滴盒剖面

资料来源：由南京培中科技开发研究所授权。

电源部分提供以下四种电压：

（1）2.2 伏特油滴照明电压。

（2）500 伏特直流平衡电压。该电压可以连续调节，并从电压表上直接读出，还可由平衡电压换向开关换向，以改变上、下电极板的极性。换向开关倒向"＋"侧时，能达到平衡的油滴带正电，反之带负电。换向开关放在"0"位置时，上、下电极板短路，不带电。

（3）300 伏特直流升降电压。该电压可以连续调节，但不稳压。它可通过升降电压换向开关叠加（加或减）在平衡电压上，以便把油滴移到合适的位置。升降电压高，油滴移动速度快，反之则慢。该电压在电表上无指示。

（4）12V 的 CCD 电源电压。

【实验原理】

实验中，用喷雾器将油滴喷入两块相距为 d 的水平放置的平行极板之间，如图 11 - 3 所示。油滴在喷射时由于摩擦，一般都会带电。设油滴的质量为 m，所带电量为 q，加在两平行极板之间的电压为 V，油滴在两平行极板之间将受到两个力的作用，一个是重力 mg，另一个是电场力 $qE = q \dfrac{V}{d}$。通过调节加在两极板之间的电压 V，可以使这两个力大小相等、方向相反，从而使油滴达到平衡，悬浮在两极板之间，此时有：

$$mg = q \frac{V}{d} \tag{11-1}$$

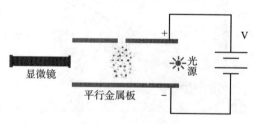

图 11 - 3 实验原理

资料来源：由南京培中科技开发研究所授权。

为了测定油滴所带的电量 q，除了测定 V 和 d，还需要测定油滴的质量 m。但是，由于 m 很小，需要使用下面的特殊方法进行测定。

因为在平行极板间未加电压时，油滴受重力作用将加速下降，但是由于空气的黏滞性会对油滴产生一个与其速度大小成正比的阻力，油滴下降一小段距离而达到某一速度 v 后，阻力与重力达到平衡（忽略空气的浮力），油滴将以此速度匀速下降。

由斯托克斯定律可得：

$$f_r = 6\pi a\eta v = mg \qquad\qquad (11-2)$$

其中，η 是空气的黏滞系数，a 是油滴的半径（由于表面张力的作用，小油滴总是呈球状）。

设油滴的密度为 ρ，油滴的质量 m 可表示为：

$$m = \frac{4}{3}\pi a^3 \rho \qquad\qquad (11-3)$$

将式（11-2）和式（11-3）合并，可得油滴的半径为：

$$a = \sqrt{\frac{9\eta v}{2\rho g}} \qquad\qquad (11-4)$$

由于斯托克斯定律适用于均匀介质，对于半径小到 10^{-6} m 的油滴小球，其大小接近空气空隙的大小，空气介质对油滴小球不能再认为是均匀的了，因而斯托克斯定律应该修正为 $f_r = \dfrac{6\pi a\eta v}{1 + \dfrac{b}{aP}}$。其中，b 为修正常数，取 $b = 6.17 \times 10^{-6}$ m·cmHg；P 为大气压强，单位是 cmHg。利用平衡条件和式（11-3）可得：

$$a = \sqrt{\frac{9\eta v}{2\rho g} \cdot \frac{1}{1 + \dfrac{b}{aP}}} \qquad\qquad (11-5)$$

式（11-5）根号下虽然还包含油滴的半径 a，但因为它是处于修正项中，不需要十分精确，仍可用式（11-4）来表示。将式（11-5）代入式（11-3）得：

$$m = \frac{4}{3}\pi \left(\frac{9\eta v}{2\rho g} \cdot \frac{1}{1 + \dfrac{b}{aP}} \right)^{\frac{3}{2}} \cdot \rho \qquad\qquad (11-6)$$

当平行极板间的电压为 0 时，设油滴匀速下降的距离为 l，时间为 t，则油滴匀速下降速度为：

$$v = \frac{1}{t} \quad\quad (11-7)$$

将式（11-7）代入式（11-6），再将式（11-6）代入式（11-1）得：

$$q = \frac{18\pi}{\sqrt{2\rho g}}\left(\frac{\eta l}{t} \cdot \frac{1}{1+\frac{b}{aP}}\right)^{\frac{3}{2}} \cdot \frac{d}{V} \quad\quad (11-8)$$

实验发现，对于同一个油滴，如果改变它所带的电量，则能够使油滴达到平衡的电压必须是某些特定的值 V_n。研究这些电压变化的规律可以发现，它们都满足：$q = ne = mg\frac{d}{V_n}$。其中，$n = \pm1, \pm2, \cdots$ 而 e 则是一个不变的值。

对于不同的油滴，可以证明有相同的规律，而且 e 值是相同的常数，即电荷是不连续的，电荷存在着最小的电荷单位，也是电子的电荷值 e。于是，式（11-8）可化为：

$$ne = \frac{18\pi}{\sqrt{2\rho g}}\left(\frac{\eta l}{t} \cdot \frac{1}{1+\frac{b}{aP}}\right)^{\frac{3}{2}} \cdot \frac{d}{V_n} \quad\quad (11-9)$$

根据式（11-9）即可测出电子的电荷值 e，验证电子电荷的不连续性。

【实验内容和步骤】

1. 仪器调节

（1）将油滴照明灯接2.2V电源，平行极板接500V直流电源，电源插孔都在电源后盖上。

（2）调节调平螺丝，使水准仪的气泡移到中央，这时平行极板处于水平位置，电场方向和重力平行。

（3）将"均衡电压"开关置于"0"位置，"升降电压"开关也置于"0"位置。将油滴从喷雾室的喷口喷入，视场中将出现大量油滴。如果油滴太暗，可转动小照明灯，使油滴更明亮，微调显微镜，使油滴更清楚。

2. 测量练习

（1）练习控制油滴：当油滴喷入油雾室并观察到大量油滴时，在平行极板上加上平衡电压（约300V，"+"或"-"均可），驱走不需要的油滴，等待 1~2 分钟后，只剩下几颗油滴在慢慢移动，注意其中的一颗，微调显微镜，使油滴变清楚，仔细调节电压使这颗油滴平衡；然后去掉平衡电压，让它达到匀速下降（显微镜中看上去是在上升）时，再加上平衡电压使油滴停止运动；之后，再调节升降电压使油滴上升（显微镜中看上去是在下降）到原来的位置。如此反复练习，以熟练掌握控制油滴的方法。

（2）练习选择油滴：要做好本实验，很重要的一点就是选择好被测量的油滴。油滴的体积既不能太大，也不能太小（太大时必须带很多的电荷才能达到平衡；太小时由于热扰动和布朗运动的影响，很难稳定），否则难以准确测量。对于所选油滴，当取平衡电压为 320V，匀速下降距离 $l = 0.200$ cm 所用时间约为 20s 时，油滴大小和所带电量较适中，测量也较为准确。因此，需要反复测试练习，才能选择好待测油滴。

（3）速度测试练习：任意选择几个下降速度不同的油滴，用秒表测出它们下降一段距离所需要的时间，掌握测量油滴速度的方法。

3. 正式测量

由式（11-9）可知，进行本实验真正需要测量的量只有两个，一个是油滴的平衡电压 V_n，另一个是油滴匀速下降的速度——即油滴匀速下降距离 l 所需的时间 t。

（1）测量平衡电压必须经过仔细的调节，应该将油滴悬于分化板上某条横线附近，以便准确地判断出这颗油滴是否平衡。仔细观察 1 分钟左右，如果油滴在此时间内在平衡位置附近漂移不大，才能认为油滴是真正平衡了。记下此时的平衡电压 V_n。

（2）在测量油滴匀速下降一段距离 l 所需的时间 t 时，为保证油滴下降的速度均匀，应先让它下降一段距离后再测量时间。选定测量的一段距离应该在平行极板之间的中间部分，占分划板中间四个分格为宜，此时的距离为 $l = 0.200$ cm，若太靠近上电极板，小孔附近有气流，电场也不均匀，会影响测量结果；太靠近下电极板，测量完时间后，油滴容易丢失，不能反复测量。

（3）由于有涨落，对于同一颗油滴，必须重复测量 10 次。同时，还应该选择不少于 5 颗不同的油滴进行测量。

（4）通过计算求出基本电荷的值，验证电荷的不连续性。

【数据记录与处理】

1. 数据处理方法

根据式（11-9）和式（11-4）可得：

$$ne = \frac{k}{[t(1 + k'/\sqrt{t})]^{3/2}} \cdot \frac{1}{V_n} \qquad (11-10)$$

其中，$k = \frac{18\pi}{\sqrt{2\rho g}}(\eta l)^{3/2} \cdot d$，$k' = \frac{b}{P}\sqrt{\frac{2\rho g}{9\eta l}}$。取：油的密度 $\rho = 981 \text{kg/m}^3$；重力加速度 $g = 9.80 \text{m/s}^2$；空气的黏滞系数 $\eta = 1.83 \times 10^{-5} \text{kg/m·s}$；油滴下降距离 $l = 2.00 \times 10^{-3} \text{m}$；常数 $b = 6.17 \times 10^{-6} \text{m·cmHg}$；大气压 $P = 76.0 \text{cmHg}$；平行极板距离 $d = 5.00 \times 10^{-3} \text{m}$。

将上述数据代入式（11-10）可得，$k = 1.43 \times 10^{-14} \text{kg·m}^2/\text{s}^{1/2}$，$k' = 0.0196 \text{s}^{1/2}$

$$ne = \frac{1.43 \times 10^{-14}}{[t(1 + 0.02\sqrt{t})]^{3/2}} \cdot \frac{1}{V_n} \qquad (11-11)$$

显然，上面的计算是近似的。但是，一般情况下，误差仅在 1% 左右，对于工科学生的物理实验来讲是可以的。

2. 数据表格

将实验数据记录到表 11-1 中。根据式（11-11）所得数据除以电子电荷的公认值 $e = 1.602 \times 10^{-19}$ 库仑，所得整数就是油滴所带的电荷数 n，再用 n 去除实验测得的电荷值，就可得到电子电荷的测量值。对不同油滴测得的电子电荷值不能再求平均值。

表 11-1　　　　　　　　　　　　实验数据记录

油滴编号	$V_n(v)$	$t(s)$	$\overline{V}_n(V)$	$\bar{t}(s)$	$q(10^{-19}C)$	n	$e(10^{-19}C)$
1							

续表

油滴编号	$V_n(v)$	$t(s)$	$\overline{V}_n(V)$	$\bar{t}(s)$	$q(10^{-19}C)$	n	$e(10^{-19}C)$
2							
3							
4							
5							

【注意事项】

△ 喷油时，只需喷一两下即可，不要喷得太多，不然会堵塞小孔。

△ 对选定油滴进行跟踪测量的过程中，如果油滴变得模糊了，应随时调节显微镜镜筒的位置，对油滴聚焦；对任何一个油滴进行的任何一次测量中都应随时调节显微镜，以保证油滴处于清晰状态。

△ 平衡电压取 300~350V 为最好，应该尽量在这个平衡电压范围内去选择油滴。例如，开始时平衡电压可定在 320V，如果在 320V 的平衡电压情况

下已经基本平衡时，只需稍微调节平衡电压就可使油滴平衡，这时油滴的平衡电压就在 320～350V 的范围之内。

△ 在监视器上要保证油滴竖直下落。

【问题及反思】

1. 为什么对选定油滴进行跟踪时，油滴有时会变得模糊起来？

2. 通过实验数据进行分析，指出做好本实验关键要抓住哪几步？造成实验数据测量不准的原因是什么？

3. 为什么对不同油滴测得的电子电荷最后不能再求平均值来得到电子电荷的测量值？

实验十二

微波分光实验

【实验目的】

◇ 掌握微波分光仪自动测试系统的组成和工作原理。

◇ 学会用微波分光仪自动测试系统做相关实验。

◇ 掌握用计算机采集和处理微波分光仪自动测试系统输出的实验数据。

【实验仪器】

DH926U 型微波分光仪自动测试系统主要包含 DH926B 型微波分光仪、DH926AD 型数据采集仪及 DH1121B 型三厘米固态信号源三部分。表 12-1～表 12-3 分述每部分仪器的成套性。

表 12-1   **DH926B 型微波分光仪的成套性**

序号	名称	数量
1	分度转台	1
2	喇叭天线（矩形）	2
3	可变衰减器	1
4	晶体检波器	1
5	视频电缆	1
6	反射板	2

续表

序号	名称	数量
7	单缝板	1
8	双缝板	1
9	半透射板	1
10	模拟晶体（模拟晶体及支架）	1
11	读数机构	1
12	支座	1
13	支柱	4
14	模片	1

表 12 – 2　　　　　　　DH926AD 型数据采集仪的成套性

序号	名称	数量
1	主机	1
2	光栅	3
3	通道电缆线	3
4	USB 电缆线	1
5	电源线	1
6	视频电缆	1

表 12 – 3　　　　　　　DH1121B 型三厘米固态信号源的成套性

序号	名称	数量
1	主机	1
2	振荡器/隔离器单元	1
3	电源线	1

【实验原理及实验内容】

本实验系统主要可以完成 6 个典型的波动实验。同学们如果感兴趣也可根据情况或再增加适当的附件做更多的实验。

1. 实验一：反射实验

电磁波在传播过程中如遇到障碍物，必定要发生反射，本处以一块大的金属板作为障碍物来研究当电磁波以某一入射角投射到此金属板上所遵循的反射定律，即反射线在入射线和通过入射点的法线所决定的平面上，反射线和入射线分居在法线两侧，反射角等于入射角，实验中测定的角度除 2 即为该角度。

系统构建时，开启 DH1121B 型三厘米固态信号源。DH926B 型微波分光仪的两喇叭口面应互相正对，它们各自的轴线应在一条直线上，指示两喇叭位置的指针分别指于工作平台的 0 ~ 180 刻度处。将支座放在工作平台上，并利用平台上的定位销和刻线对正支座，拉起平台上四个压紧螺钉旋转一个角度后放下，即可压紧支座。反射金属板放到支座上时，应使金属板平面与支座下面的小圆盘上的 90 - 90 这对刻线一致，这时小平台上的 0 刻度就与金属板的法线方向一致。将 DH926AD 型数据采集仪提供的 USB 电缆线的两端根据具体尺寸分别连接到数据采集仪的 USB 口和计算机的 USB 口，此时，DH926AD 型数据采集仪的 USB 指示灯亮（蓝色），表示已连接好。打开 DH926AD 型数据采集仪的电源开关，电源指示灯亮（红色），将数据采集仪的通道电缆线两端分别连接到 DH926B 型微波分光仪分度转台底部的光栅通道插座和数据采集仪的相应通道口上（本实验应用软件默认为通道 1）。查看 DH1121B 型三厘米固态信号源的"等幅"和"方波"档的设置，将 DH926AD 型数据采集仪的"等幅/方波"设置按钮等同于 DH1121B 型三厘米固态信号源的设置。

转动微波分光仪的小平台，使固定臂指针指在某一刻度处，这个刻度数就是入射角度数，然后转动活动臂在 DH926AD 型数据采集仪的表头上找到最大指示，此时微波分光仪的活动臂上指针所指的刻度就是反射角度数。如果此时表头指示太大或太小，应调整微波分光仪微波系统中的可变衰减器或晶体检波器，使表头指示接近满量程做此项实验。入射角最好取 30° ~ 65°，因为入射角太大或太小，接收喇叭有可能直接接收入射波。做这项实验时应注意系统的调整和周围环境的影响。

2. 实验二：单缝衍射实验

如图 12 - 1 所示，当一平面波入射到一宽度和波长可比拟的狭缝时，就要发生衍射现象。在缝后面出现的衍射波强度并不是均匀的，中央最强，同时也最宽。在中央的两侧衍射波强度迅速减小，直至出现衍射波强度的最小值，即一级极小，此时衍射角为 $\phi = \sin^{-1}(\lambda/a)$。其中，$\lambda$ 是波长，a 是狭缝宽度。两者取同一长度单位，随着衍射角增大，衍射波强度又逐渐增大，直至出现一级极大值，角度为：$\phi = \sin^{-1}(3\lambda/2a)$。

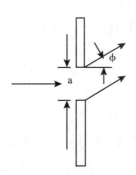

图 12 -1　单缝衍射原理

资料来源：高铁军、孟祥省、王书运：《近代物理实验》，科学出版社 2017 年版。

　　系统构建时，开启 DH1121B 型三厘米固态信号源。需要先调整 DH926B 型微波分光仪单缝衍射板的缝宽，当该板放到支座上时，应使狭缝平面与支座下面的小圆盘上的 90－90 刻线一致。转动小平台使固定臂的指针在小平台的 180 刻度处，此时小平台的 0 刻度就是狭缝平面的法线方向。这时调整信号电平使 DH926AD 型数据采集仪表头指示接近满刻度。根据微波波长和缝宽算出一级极小和一级极大的衍射角，并与实验曲线上求得的一级极小和极大的衍射角进行比较。

　　此实验曲线的中央较平，甚至还有少许凹陷，这可能是由于衍射板还不够大，但这对实验结果影响并不明显。首先，将 DH926AD 型数据采集仪提供的 USB 电缆线的两端根据具体尺寸分别连接到数据采集仪的 USB 口和计算机的 USB 口，此时，DH926AD 型数据采集仪的 USB 指示灯亮（蓝色），表示已连接好。其次，打开 DH926AD 型数据采集仪的电源开关，电源指示灯亮（红色），将数据采集仪的通道电缆线两端分别连接到 DH926B 型微波分光仪分度转台底部的光栅通道插座和数据采集仪的相应通道口上（本实验应用软件默认为通道1)。最后，查看 DH1121B 型三厘米固态信号源的"等幅"和"方波"档的设置，将 DH926AD 型数据采集仪的"等幅/方波"设置按钮等同于 DH1121B 型三厘米固态信号源的设置（工作状态："等幅"档）。

3. 实验三：双缝干涉实验

如图 12 – 2 所示，当一平面波垂直入射到金属板的两条狭缝上，则每一条狭缝就是次级波波源。由两缝发出的次级波是相干波，因此在金属板的后面空间中，将产生干涉现象。当然，光通过每个缝也有衍射现象。因此，本实验将是衍射和干涉两者结合的结果。为了主要研究来自双缝的两束中央衍射波相互干涉的结果，这里设 b 为双缝的间距，a 仍为缝宽，a 接近波长 λ，如 $\lambda = 3.2$cm，a = 4cm，这时单缝的一级极小衍射角接近53°。因此，取较大的 b，则干涉强度受单缝衍射的影响小；反之，当 b 较小时，干涉强度受单缝衍射影响大。干涉加强的角度为：$\phi = \sin^{-1}\left[K \times \lambda / (a + b)\right]$，其中，K = 1、2、…干涉减弱的角度为：$\phi = \sin^{-1}\left[\left((2K + 1) \times \lambda / 2 \times (a + b)\right)\right]$，其中，K = 1、2、…本演示实验中，我们只对 1 级极大干涉角和 0 级极小干涉角做了讨论。当 K 取不同的值，实验结果可通过采集过程表达出来，此处不再赘述。

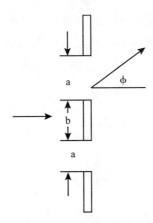

图 12 – 2　双缝干涉原理

资料来源：高铁军、孟祥省、王书运：《近代物理实验》，科学出版社 2017 年版。

系统布置同单缝衍射实验布置，仅将 DH926B 型微波分光仪小平台上的单缝衍射板用双缝干涉板代替，调整过程也相同。首先，将 DH926AD 型数据采集仪提供的 USB 电缆线的两端根据具体尺寸分别连接到数据采集仪的 USB 口和计算机的 USB 口，此时，DH926AD 型数据采集仪的 USB 指示灯亮（蓝色），表示已连接好。其次，打开 DH926AD 型数据采集仪的电源开关，电源指示灯亮（红色），将数据采集仪的通道电缆线两端分别连接到 DH926B 型微波分光仪分度转台底部的光栅通道插座和数据采集仪的相应通道口上（本实验应用软件默认为通道 1）。最后，查看 DH1121B 型三厘米固态信号源的"等幅"和"方波"档的设置，将 DH926AD 型数据采集仪的"等幅/方波"设置按钮等同于 DH1121B 型三厘米固态信号源的设置。

由于干涉板横向尺寸小，所以当 b 取得较大时，为了避免接收喇叭直接收到发射喇叭的发射波或通过板的边缘过来的波，活动臂的转动角度应尽量小些。

4. 实验四：迈克尔逊干涉实验

如图 12 – 3 所示，在平面波前进的方向上放置成45°的半透射板，将入射波分成两束波，一束被反射沿 A 方向传播，另一束被折射沿 B 方向传播。由于 A、B 方向上全反射板的作用，两列波就再次回到半透射板，又分别经同样的折射和反射，最后到达接收喇叭处。于是接收喇叭收到两束同频率，振动方向一致的两列波。如果这两列波的相位相差为 2π 的整数倍，则干涉加强；当相位相差为 π 的奇数倍时，干涉减弱。因此，在 A 方向上放一固定的全反射板，让 B 方向的全反射板可移动，当表头指示从一次极小变到又一次极小时，B 方向的反射板就移动 λ/2（λ 为波长）的距离，由这个距离就可求得平面波的波长。

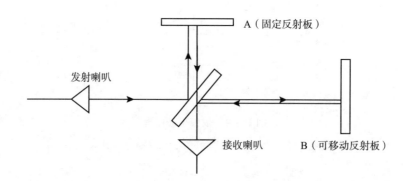

图 12 – 3　迈克尔逊干涉原理

资料来源：谭伟石：《近代物理实验》，南京大学出版社 2013 年版。

首先，系统构建时，使 DH926B 型微波分光仪两喇叭口面互成 90°，半透射板与两喇叭轴线互成 45°，将读数机构通过它本身带有的两个螺钉旋入底座上相应的旋孔，使其固定在底座上。其次，在读数机构和平台上分别插上全反射板，使固定的全反射板的法线与接收喇叭的轴线一致，可移动的全反射板的法线与发射喇叭轴线一致。将 DH926AD 型数据采集仪提供的 USB 电缆线的两端根据具体尺寸分别连接到数据采集仪的 USB 口和计算机的 USB 口，此时，DH926AD 型数据采集仪的 USB 指示灯亮（蓝色），表示已连接好。再次，打开 DH926AD 型数据采集仪的电源开关，电源指示灯亮（红色），将数据采集仪的通道电缆线两端分别连接到 DH926B 型微波分光仪读数机构的光栅通道插座和数据采集仪的相应通道口上（本实验应用软件默认为通道 2）。最后，查看 DH1121B 型三厘米固态信号源的"等幅"和"方波"档的设置，将 DH926AD 型数据采集仪的"等幅/方波"设置按钮等同于 DH1121B 型三厘米固态信号源的设置。

实验时，将可移动的全反射板移到读数机构的 20 刻度一端，在此附近测出一个极小幅度的位置，然后沿读数机构 70 刻度的一端旋转读数机构上的手柄使可移动的全反射板随之匀速移动，从 DH926AD 型数据采集仪表头上测出（$n+1$）个极小幅度值，同时从读数机构上得到相应的位移读数，从而求得可移动的全反射板的移动距离为 L，根据上述实验原理，求得波长 $\lambda = 2L/n$。

5. 实验五：偏振实验

平面电磁波是横波，它的电场强度矢量 E 和波长的传播方向垂直。如果 E 在垂直于传播方向的平面内沿着一条固定的直线变化，这样的横电磁波叫线极化波。在光学中也叫偏振波。电磁场沿某一方向的能量有 $\sin^2\varphi$ 的关系。这就是光学中的马吕斯定律：$I = I_0\cos^2\varphi$。其中，I_0 为初始偏振光的强度，I 为偏振光的强度，φ 是 I 与 I_0 间的夹角。

系统构建时，DH926B 型微波分光仪两喇叭口面互相平行，并与地面垂直，其轴线在一条直线上。由于接收喇叭是和一段旋转短波导连在一起的，在旋转短波导的轴承环的 90° 范围内，每隔 5° 有一刻度，因此接收喇叭的转角可以从此处读到。将 DH926AD 型数据采集仪提供的 USB 电缆线的两端根据具体尺寸分别连接到数据采集仪的 USB 口和计算机的 USB 口，此时，DH926AD 型数据采集仪的 USB 指示灯亮（蓝色），表示已连接好。然后打开 DH926AD 型数据采集仪的电源开关，电源指示灯亮（红色），将数据采集仪的通道电缆线两端分别连接到 DH926B 型微波分光仪接收喇叭天线的光栅通道插座和数据采集仪的相应通道口上（本实验应用软件默认为通道 3）。顺时针或逆时针（但只能沿一个方向）匀速转动微波分光仪的接收喇叭，就可以得到转角与接收指示的一组数据，并可与马吕斯定律进行比较。

做实验时为了避免小平台的影响，可以松开平台中心三个十字槽螺钉，把工作台取下。做实验时还要尽量减少周围环境的影响。

6. 实验六：布拉格衍射实验

任何的真实晶体，都具有自然外形和各向异性的性质，这和晶体的离子、原子或分子在空间按一定的几何规律排列密切相关。晶体内的离子、原子或分子占据着点阵的结构，两相邻节点的距离叫晶体的晶格常数。真实晶体的晶格常数约在 10^{-8} 厘米的数量级。X 射线的波长与晶体的常数属于同一数量级，实际上晶体是起着衍射光栅的作用，因此可以利用 X 射线在晶体点阵上的衍射现象来研究晶体点阵的间距和相互位置的排列，以达到对晶体结构的了解。

本实验是仿照 X 射线入射真实晶体发生衍射的基本原理，人为地制作了一个方形点阵的模拟晶体，以微波代替 X 射线，使微波向模拟晶体入射，观察从不同晶面上点阵的反射波产生干涉应符合的条件。这个条件就是布拉格方程，即当微波波长为 λ 的平面波入射到间距为 a（晶格常数）的晶面上，入射角为 θ，当满足条件 $n\lambda = 2a\cos\theta$ 时（n 为整数），发生衍射。衍射线在所考虑的晶面反射线方向。在一般的布拉格衍射实验中采用入射线与晶面的夹角（即通称的掠射角）α，这时布拉格方程为 $n\lambda = 2a\sin\alpha$。我们这里采用入射线与晶面法线的夹角（即通称的入射角），是为了在实验时方便。

系统布置类似反射实验，实验中除了 DH926B 型微波分光仪两喇叭的调整同反射实验一样外，要注意的是模拟晶体球应用模片调得上下左右成为一方形点阵，模拟晶体架上的中心孔插在支架上与刻度盘中心一致的一个销子上。当把模拟晶体架放到小平台上时，应使模拟晶体架晶面法线一致的刻线与刻度盘上的 0 刻度一致。为了避免两喇叭之间波的直接入射，入射角取值范围最好在 30° ~ 70°。

将 DH926AD 型数据采集仪提供的 USB 电缆线的两端根据具体尺寸分别连接到数据采集仪的 USB 口和计算机的 USB 口，此时，DH926AD 型数据采集仪的 USB 指示灯亮（蓝色），表示已连接好。然后打开 DH926AD 型数据采集仪的电源开关，电源指示灯亮（红色），将数据采集仪的通道电缆线两端分别连接到 DH926B 型微波分光仪分度转台底部的光栅通道插座和数据采集仪的相应通道口上（本实验应用软件默认为通道 1）。

【实验数据处理】

将实验数据记录到表 12 - 4 ~ 表 12 - 8 中，并画图处理数据。

表 12 - 4　　　　　　　　入射实验数据记录

入射角（度）						
反射角（度）	左侧					
	右侧					

表 12 - 5　　　　　　　　单缝衍射实验数据记录

ψ^0	0	2	4	6	8	10	12	14	16	18	20	22	24
I 右													
I 左													
ψ^0	26	28	30	32	34	36	38	40	42	44	46	48	50
I 右													
I 左													

表 12 - 6　　　　　　　　双缝衍射实验数据记录

ψ^0	0	1	2	3	4	5	6	7	8	9	10	11	12
I 右													
I 左													

续表

ψ^0	13	14	15	16	17	18	19	20	21	22	23	24	25
I 右													
I 左													

表 12 - 7 　　　　　　　　偏振实验数据记录

I	0	10	20	30	40	50	60	70	80	90
理论值										
实验值										

表 12 - 8 　　　　　　　　布拉格衍射实验数据记录

I	30	31	32	33	34	35	36	37	38	39	40	41	42	43
100 面														
110 面														

I	44	45	46	47	48	49	50	51	52	53	54	55	56	57
100 面														
110 面														

I	58	59	60	61	62	63	64	65	66	67	68	69	70	
100 面														
110 面														

【问题及反思】

1. 依照第三部分建立相应的数据表格，根据实验填写实验数据。

2. 依据数据描绘相应的曲线。

3. 根据实验附件，思考还能做哪些实验。

实验十三

微波参数测试

【实验目的】

◇ 了解各种微波器件。

◇ 了解微波工作状态及传输特性。

◇ 了解微波传输线场型特性。

◇ 熟悉驻波、衰减、波长（频率）和功率的测量。

◇ 学会测量微波介质材料的介电常数和损耗角正切值。

【实验仪器】

表 13 - 1 为各种实验仪器。

表 13 - 1 实验仪器

序号	名称	数量	序号	名称	数量
1	可变衰减器	1	10	直波导	1
2	波长表	1	11	匹配负载	1
3	检波器	1	12	短路板	1
4	电缆	1	13	样品谐振腔	1
5	检波指示器	1	14	耦合片	1
6	隔离器	2	15	波导支架	3
7	环行器	1	16	介质材料样片（聚四氟乙烯）	3
8	可变电抗器	1	17	介质材料样片（电工黑胶木）	3
9	单螺调配器	1	18	介质材料样片（有机玻璃）	3

【实验原理】

1. 驻波测量

（1）按图 13 – 1 所示的框图连接成微波实验系统。

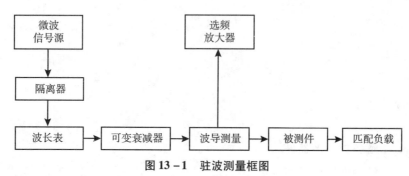

图 13 – 1　驻波测量框图

资料来源：由北京大华无线电仪器厂授权。

（2）调整微波信号源，使其工作在方波调制状态。

（3）左右移动波导测量线探针使选频放大器有指示值。

（4）用选频放大器测出波导测量线位于相邻波腹和波节点上的 I_{max} 和 I_{min}。

（5）当检波晶体工作在平方律检波情况时，驻波比 S 为：$S = \sqrt{\dfrac{I_{max}}{I_{min}}}$，其驻波分布如图 13 – 2 所示。

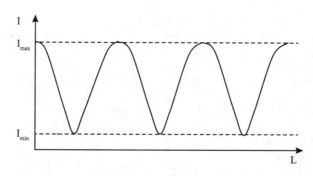

图 13 – 2　驻波分布

注：I 为选频放大器的指示值，L 为驻波在波导测量线中的相对位置。
资料来源：由北京大华无线电仪器厂授权。

2. 大驻波系数的测量

当被测件驻波系数很大时，驻波波腹点与波节点的电平相差较大，在一般的指示仪表上，很难将两个电平同时准确读出，晶体检波律在相差较大的两个电平可能也不同，因此不能将它们相比求出驻波系数。下面介绍用功率衰减法测量大驻波系数（精密衰减器需单独配备）。

（1）按图 13 – 3 连接仪器，使系统正常工作，精密衰减器置于"零"衰减刻度。

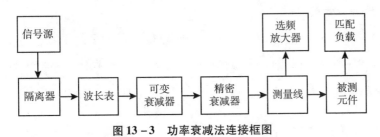

图 13 – 3　功率衰减法连接框图

资料来源：由北京大华无线电仪器厂授权。

（2）将测量线的探针调到驻波波节点，调节精密可变衰减器，使电表指示在 80 刻度附近，并记下该指示值。

（3）将测量线的探针调到驻波波腹点，并增加精密衰减器的衰减量，使电表指示恢复到上述指示值，读取精密衰减器刻度并换算出衰减量的分贝值 A。被测驻波系数为：$S = 10^{A/20}$。

3. 频率测量 （谐振腔法）

（1）按图 13 – 1 所示的框图连接微波实验系统。

（2）将检波器及检波指示器接到被测件位置上。

（3）用波长表测出微波信号源的频率。旋转波长表的测微头，当波长表与被测频率谐振时，将出现吸收峰。反映在检波指示器上的指示是一跌落点，检波指示器指示 I。

如图 13 – 4 所示，读出波长表测微头的读数，再从波长表频率与刻度曲线上查出对应的频率。

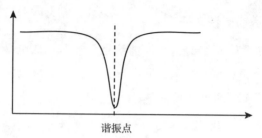

图 13 – 4　波长表的谐振点曲线

资料来源：由北京大华无线电仪器厂授权。

4. 波导波长的测量

（1）按图 13 – 5 连接测量系统。由于可变电抗的反射系数接近 1，在测量线中入射波与反射波的叠加为接近纯驻波的图形（见图 13 –6），只要测得驻波相邻节点的位置 L_1、L_2，由 $\frac{1}{2}\lambda_g = L_1 - L_2$，即可求得波导波长 λ_g。

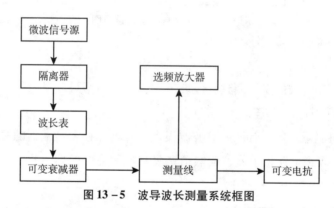

图 13 – 5　波导波长测量系统框图

资料来源：由北京大华无线电仪器厂授权。

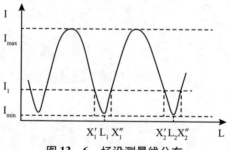

图 13 – 6　场沿测量线分布

资料来源：由北京大华无线电仪器厂授权。

（2）为了提高测量精度，在确定 L_1、L_2 时，可采用等指示度法测出最小点 I_{min} 对应的 L（参看图 13-6），测出 I_1（I_1 略大于 I_{min}）相对应的两个位置 X_1'，X_1''，则：$L_1 = \dfrac{X_1' + X_1''}{2}$，$L_2 = \dfrac{X_2' + X_2''}{2}$，同理即可求得精度较高的 λ_g。

5. 功率的测量

按图 13-7 连接仪器，使系统正常工作。

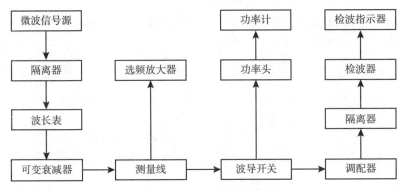

图 13-7 功率测量微波系统框图

资料来源：由北京大华无线电仪器厂授权。

注意：开机前将系统中的全部仪器必须可靠接地，否则功率头极易烧毁。

（1）相对功率测量。

波导开关旋至检波器通路，当检波器工作在平方率检波时，电表上的读数 I 与微波功率成正比：电流表的指示 $I \propto P$，即表示为相对功率。

（2）绝对功率测量。

波导开关旋至功率计通路，用功率计可测得绝对功率值。

【实验内容和步骤】

1. 准备工作

根据讲义中介绍的常用微波器件和实验室提供的仪器使用说明书，掌握它们的工作原理及使用方法。开启反射速调管微波源电源开关。将微安表接在测量线输出端，适当选择微安表量程和可变衰减器位置，使测量线调在驻波波腹时，微安表能指示到表盘中上的读数。

2. 频率测量

连接微波系统，将检波器及检波指示器接到被测件位置，利用波长表可以测出微波信号源的频率。波长表由一个谐振腔构成，旋转波长表的测微头可以改变谐振腔的大小，从而改变其固有频率，当固有频率与微波的频率相同时，两者发生共振。而发生共振时，谐振腔吸收微波的能量达到最大值。所以，当波长表与被测频率谐振时，将出现吸收峰，反映在检波器上的指示是一跌落点，读出测量头读数，查出对应频率。

3. 功率测量

功率计测量原理为将微波的电磁能先通过耦合转化为热能，形成热电动势，在功率计里测量后得到微波的功率。测量时，传输线路终端接入探头和功率计，并选择合适的量程，功率计调零后把波导开关旋至检波器上，读出功率读数。

4. 微波驻波比测量

测量驻波比，三厘米波导测量线是测量的基本仪器。测量线由开槽波导、不调谐探头和滑架组成。开槽波导中的场由不调谐探头取样，探头的移动靠滑架上的传动装置，探头的输出送到显示装置，就可以探测微波传输系统中电磁场分布情况。测量线波导是一段精密加工的开槽直波导，此槽位于波导宽边的正中央，平行于波导轴线，不切割高频电流，因此对波导内的电磁场分布影响很小。此外，槽端还有阶梯匹配段，两端法兰具有尺寸精确的定位和连接孔，保证开槽波导有很低的剩余驻波系数。滑架是用来安装开槽波导和不调谐探头的。把不调谐探头放入滑架的探头插孔中，拧紧锁紧螺钉，即可把不调谐探头紧固。探针插入波导中的深度，可根据情况适当调整。

（1）小驻波比和中驻波比的测量。

将探头移动到波节和波腹的地方，从选频放大器读出电压的最大值和最小值，计算出驻波比 $S = \sqrt{\dfrac{U_{max}}{U_{min}}}$。

（2）大驻波比的测量。

如果直接测量大驻波的最大值，就会引入误差，驻波的最大值超出了指示器量程。此时可用"双倍最小值法"（见图 13 - 8）来测量假定晶体工作在平方律检波，则只需测出读数为最小点二倍的两点间距离及波导波长，便可以由 $S = \dfrac{\lambda_g}{\pi d}$ 计算出驻波比。其中，d 为二倍最小点幅度处的间距，$d = X_1 - X_2$。用"平均法"找出两个相邻的最小点位置 D_1 和 D_2，即移动探针在驻波最小点左右找出两个具有相同幅度的位置 d_1 和 d_2，然后取其平均值，即为所需的最小点位置 D_1，用相同的方法找出相邻的最小点 D_2。$D_1 = \dfrac{d_1 + d_2}{2}$，$D_2 = \dfrac{d_3 + d_4}{2}$，相邻两个最小点的距离即为半个波导波长 $\lambda_g = 2|D_1 - D_2|$。

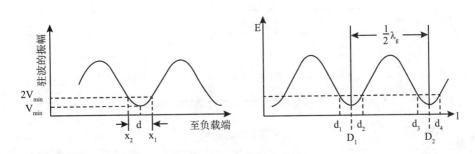

图 13 - 8　双倍最小值法

资料来源：由北京大华无线电仪器厂授权。

【数据处理】

按照表 13 - 2 ~ 表 13 - 6 记录数据，并处理数据。

表 13 - 2　　　　　　　　　　微波频率的测量

波长表（mm）				
对应频率（Hz）				
微波信号源频率（Hz）				

表13-3 微波功率的测量

次数 n	1	2	3	4	5
微波信号源频率（Hz）					
功率（mW）					

表13-4 小驻波比的测量

微波信号源频率（Hz）				
E_{max}（μV）				
E_{min}（μV）				
驻波比 S				

表13-5 中驻波比的测量

微波信号源频率（Hz）				
E_{max}（μV）				
E_{min}（μV）				
驻波比 S				

表13-6 大驻波比的测量

微波信号源频率（Hz）				
最小点位置				
向右双倍位置 x_1				
向左双倍位置 x_2				
d				
d_1				
d_2				
d_3				
d_4				
D_1				
D_2				
λ_g				
驻波比 S				

【注意事项】

　　△ 用选频放大器测驻波比时，微波源必须使用"方波"档。由于仪器的灵敏度很高，切勿使电表指示超出量程，否则极易损坏电表。

　　△ 微波系统各元件器件的波导口应注意对齐，以减少因电波在参差的波导口多次反射而引入的寄生波。

实验十四

菲涅耳全息照相

所谓"菲涅耳全息照相"就是我们常说的不用成像物镜。物光通过扩束透镜照射在物体上，由物体的漫反射到达底片（干板）。参考光是球面波（或平面波）照在底片（或干板）上，物光和参考光有一小的夹角和一定光强比，光在底片上干涉，形成干涉图形，一般是离轴型全息图。"菲涅耳全息图"记录介质很薄（乳剂层），一般看作"二维的"。拍摄时，物体靠近全息图，物光与参考光的夹角很小，记录介质位于物光波的"菲涅耳"衍射区内。

【实验目的】

◇ 掌握菲涅耳全息照相原理。
◇ 学会拍摄全息相片的全过程。

【实验原理】

从激光器发出的一束光，被分束镜（或称分光镜）分成频率相同、振动方向相同的两束光，一束照射到物体上由物体漫反射到干板上，称为物体光束（简称物光）；另一束直接射到干板（或称底片）上，称为参考光束。这两束光形成一定的角度，光强有一定的比例，在干板上相遇，光程差（即物光光程和参考光光程之差）小于激光的相干长度，这就是我们普遍讲的干涉原理，经过显影、定影、水洗、晾干等处理，干板上的黑白反差是物体的振幅信息，干板上的干涉花样是物体的位相信息。

全息图可以看成是一张复杂的光栅，再现就是光栅衍射原理。当光照在一个光栅上面时会产生零级衍射，在零级两边不同间隔 ±1 级，±2 级，…的亮点，间隔与光栅疏密（或条纹多少）有关，条纹愈密（或多）衍射级间隔愈大，反之愈小，全息片再现也是一样。当用原参考光照明时，我们透过干板看到的像是一级衍射虚像；在干板另一侧，靠近人体还有一个一级衍射的实像与虚像对称，实像用白纸或毛玻璃接收。以透射式全息照相为例：

透射式全息照相是指重现时所观察的是全息图透射光的成像。下面对平面全息图的情况做具体的数学描述。

1. 全息记录

设来自物体的单色光波在全息干板平面上的复振幅分布为：

$$O(x, y) = A_O(x, y)\exp[i\psi_O(x, y)] \qquad (14-1)$$

$O(x, y)$ 称为物光波。同一波长的参考光波在干板平面上的复振幅分布为：

$$R(x, y) = A_R(x, y)\exp[i\psi_R(x, y)] \qquad (14-2)$$

$R(x, y)$ 称为参考光波。干板上总的复振幅分布为：

$$U(x, y) = O(x, y) + R(x, y) \qquad (14-3)$$

干板上的光强分布为：

$$I(x, y) = U(x, y)U^*(x, y) \qquad (14-4)$$

将式（14-1）、式（14-2）、式（14-3）代入式（14-4）中，得出：

$$I(x, y) = A_O^2 + A_R^2 + A_O A_R \exp[i(\psi_O - \psi_R)] + A_R A_O \exp[i(\psi_R - \psi_O)]$$

$$(14-5)$$

适当控制曝光量和冲洗条件，可以使全息图的振幅透过率 $t(x, y)$ 与曝光量 E（与光强 I 成正比）呈线性关系，即 $t(x, y) \propto I(x, y)$，设：

$$t(x, y) = \alpha + \beta I(x, y) \qquad (14-6)$$

其中，α、β 为常数。这就是全息图的记录过程，如图 14-1 所示。

由上面的描述可知，底片上干涉条纹的反衬度为：$V = \dfrac{I_{max} - I_{min}}{I_{max} + I_{min}}$。其中，$I_{max} = |A_O + A_R|^2$，$I_{min} = |A_O - A_R|^2$。

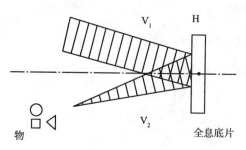

图14-1　全息记录

资料来源：由天津港东科技发展有限公司授权。

干涉条纹的间距则决定于（$\psi_R - \psi_0$）随位置变化的快慢。对一定的 ψ_R、ψ_0 来说，干涉条纹的明暗对比反映了物光波的振幅大小，即强度因子，干涉条纹的形状间隔反映了物光波的位相分布。因此，底片记录了干涉条纹，也就记录了物光波前的全部信息——振幅和相位。

2. 波前重现

用与参考光完全相同的光束照射全息图透射光的复振幅分布是：

$$U_t(x,\ y) = R(x,\ y) \cdot t(x,\ y) \tag{14-7}$$

将式（14-2）、式（14-6）代入式（14-7），整理得出：

$$U_t(x,\ y) = A_R[\alpha + \beta(A_0^2 + A_R^2)]\exp(i\psi_R) + \beta A_R^2 A_0 \exp(i\psi_0)$$
$$+ \beta A_0 A_R^2 \exp[i(2\psi_R - \psi_0)] \tag{14-8}$$

式（14-8）中的第一项，具有再现光的特性，是衰减了的再现光，这是 0 级衍射。式（14-8）的第二项，是原来的物光波乘系数，它具有原来物光波的特性，如果用眼睛接收到这个光波，就会看到原来的"物"。这个再现像是虚像，称为原始像。式（14-8）中的第三项，具有与原物光波共轭的位相：$\exp(-i\psi_0)$，说明它代表一束会聚光，应形成一个实像。因为有一位相因子 $\exp(2i\psi_R)$ 存在，这个实像不在原来的方向上，这个像叫共轭像。通常把形成原始像的衍射光称为 +1 级衍射，把形成共轭像的衍射光称为 -1 级衍射，如图14-2所示。在参考光为球面波的情况下，重现光的点光源和原记录时参考光的点光源必须在相同位置（相对于底片），才能得到无畸变虚像。否则，重现像的位置不同于原来"物"的位置，重现像的放大倍数也不等于1。重现光点光源越远，像越大，反之像越小。要得到无畸变实像，应以参考光的共轭光——一束会聚在原参考光点光源的会聚光来照明底片。

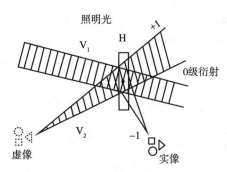

图 14－2　波前重现

资料来源：由天津港东科技发展有限公司授权。

3. 体积全息图

以上推导中假设乳胶层无限薄，全息图具有平面结构，但这仅在参考光与物光夹角很小（10°左右）时是成立的。当物光和参考光夹角较大时，相近条纹的间距 d＝l（l 为乳胶层厚度），这样的全息图具有立体结构，就是所谓的"体积全息图"，其重现是三维衍射过程，衍射极大值应满足布拉格条件（见图 14－3）。重现时照明光必须以特定的角度入射，才能看到较亮的重现像，且±1 级衍射不会同时出现，因而不能同时看到虚像和实像。

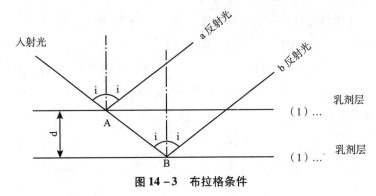

图 14－3　布拉格条件

资料来源：由天津港东科技发展有限公司授权。

【实验仪器】

实验仪器如图 14 - 4 所示，其中各符号表示如下，Laser：半导体激光器；K：曝光定时器；BS：无级分光镜；M_1：反射镜 1；M_2：反射镜 2；L_1：扩束镜 1f = 4.5mm；L_2：扩束镜 2f = 4.5mm；H：干板；O：小物体。

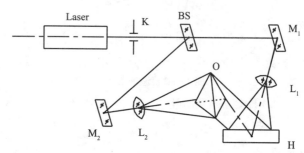

图 14 - 4 全息照相光路

资料来源：由天津港东科技发展有限公司授权。

【实验内容和步骤】

（1）调整高度。

将光具座包括曝光定时器、无级分光镜、扩束镜、反射镜、载物台、干板架、小物体等调至同轴（同一高度）。

（2）打开激光器，调至最佳电流，按图 14 - 4 排好光路。要求：

①物光与参考光的光程差小于激光的相干长度。

②物光与参考光的光强比在 1:2 ~ 1:5，调节光强比可前后移动物光（或参考光）中间的扩束镜，发散大光弱，发散小光强。也可在光路中间加减光板。分束镜可以更换比例，"无级"的分束镜可更换位置。

③参考光与物光的夹角在 30° ~ 50°。

（3）光路排好后检查各个支架的螺钉是否拧紧，磁座是否吸住，一切检查完毕关上快门。

（4）装干板前，先确定其哪面是药膜面，哪面是玻璃片基，把药膜面朝着物体夹好，稳定 1～2 分钟（因为夹干板过程中，螺钉用力拧有应力，让应力慢慢释放掉，若在释放中曝光，干涉条纹有位移）。

（5）曝光时间视物体反光强弱、激光器的功率大小而定，最好先切一小条干板，以不同的时间曝光，然后进行显影、定影后，一次性找到最佳的曝光时间。开启快门曝光，时间为 3～10 秒，根据物体反光强弱、激光器功率大小，确定曝光时间。

（6）曝光后取下干板，不同的干板采用不同的处理方式。

【注意事项】

△ 本实验采用的是半导体激光器，操作时请注意不要使扩束前的激光直射入眼睛。不宜佩戴手表操作本实验，因为通用底座带磁性。

△ 显影、定影时要使干板的药膜面朝上，否则容易划伤药膜或显影、定影不均匀。

实验十五

像面全息和一步彩虹全息照相

【实验目的】

◇ 掌握全息拍摄的几种方法。
◇ 弄懂全息白光再现的原理。

【实验原理】

一般情况用点光源再现时仍然是一个点像，若照明光源线度增加，像的线度也会随之增加。当物体靠近记录介质表面时，再现光源的线度不受影响。重现像的像距为零，各波长所对应的重现像都位于全息图上，因此不会出现像模糊与色模糊，故可以白光再现。

当物体靠近记录介质或利用成像透镜把物体成像在记录介质附近或者使一个全息图重现的实像靠近记录介质，再引入一束参考光与之干涉形成的全息图都称为像全息图。由于像面全息图是把成像光束作为物光波，相当于"物"与全息干板重合，物距为零。因此，用多波长的复合光波（如白光）再现时，重现的像距也相应为零。各波长所对应的重现像位于全息图上，这样不会出现像模糊与色模糊，因此用扩束白光源（如太阳光）再现，可以观察到清晰的像。

彩虹全息是在像全息（或者说在成像物镜）的前后加一个狭缝，使物体和狭缝的像都被记录在全息片上，当再现（看）时，狭缝的像也将被重现。

人的眼睛是通过狭缝看像。在一定的角度只看到一个准单色像。当眼睛移动时，可以依次看到像的颜色在变化，如同天空的彩虹一样。

【实验仪器】

1. 反射式全息图

图 15 – 1 反射式全息图只用一束平行光（或球面波），这束光先通过全息底片 H，这是参考光；这束光透过 H，又照射到物体上，由物体反射回到 H 上，这是物光。参考光和物光在乳剂上干涉，形成干涉条纹。

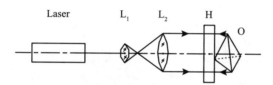

图 15 – 1　反射式全息图

资料来源：由天津港东科技发展有限公司授权。

图 15 – 1 中的符号分别表示，Laser：半导体激光器；L_1：扩束镜 f = 4.5；L_2：透镜 f = 225mm；H：干板；O：小物体。

2. 像面全息图

图 15 – 2 像面全息图是一束球面波（或平面波）照亮物体，再通过成像透镜 L_2 把像成像在干板上（或周围），另外加一束参考光与物光产生干涉，形成的全息图。

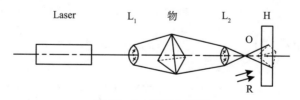

图 15 – 2　像面全息图

资料来源：由天津港东科技发展有限公司授权。

其中，Laser：半导体激光器；L$_1$：扩束镜 f = 4.5mm；L$_2$：透镜 f = 225mm；H：干板。

3. 一步彩虹全息图

一步彩虹是在像面全息的基础上，在光路中（即在成像透镜两边）加一个狭缝，狭缝的像和物的像同时记录在干板上，如图 15 - 3 所示。再现时（看照片），人眼睛通过狭缝看物体，像被狭缝压缩，看到一个准单色物体，当眼睛移动时，可以看到多种颜色的物体像，形成彩虹像。

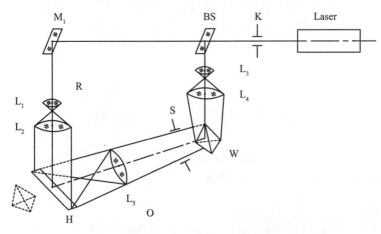

图 15 - 3 一步彩虹全息图

资料来源：由天津港东科技发展有限公司授权。

其中，Laser：半导体激光器；K：曝光定时器；BS：分束镜；M$_1$：反射镜；L$_1$：扩束镜 f = 4.5mm；L$_2$：透镜 f = 225mm；L$_3$：扩束镜 f = 4.5mm；L$_4$：成像物镜 f = 150mm、Φ60mm；L$_5$：成像物镜 f = 150mm、Φ60mm；H：干板；S：单面可调狭缝；W：小物体。

【实验内容和步骤】

（1）将所用的光源和光具座（曝光定时器、扩束镜、分束镜、反射镜、准直镜、成像物镜、单面可调狭缝、载物台、干板架等）靠拢后调成共轴（即等高）。

（2）物光光程"O"尽量等于参考光程"R"（光程差小于光源的相干长度）。这样干涉条纹的反差好，相干性好，振动方向相互平行。参考光与物体光的强度比一般为2∶1～4∶1。物光与参考光的夹角一般在30°～50°（注：光强比和夹角均为经验参数）。

（3）排光路，以图15-3为例，物光路中的扩束镜（或准直镜）口径大小以物的大小为准，扩束大了，光强损失；扩束小了，照不全物体O。再往后放狭缝S，狭缝的大小为5～8mm，光通过狭缝照在L_5上，通过L_5把像成像在H上，量物光程BS·W＋WH＝A。

物光排好后再排参考光"R"，先确定M_1位置，使分束镜BS到M_1和M_1到H之和等于A，即BS·M_1＋M_1H＝A。然后加入扩束镜L_1和准直镜L_2，改变物光与参考光的夹角，可以改变M_1和W的位置，一般夹角在30°～50°，参考与物光强比一般为2∶1～4∶1，改变光强大小可以改变无级分光镜的位置。

（4）排好光路后，检查各支架的稳定性，确定曝光时间，根据被摄物体的反光强弱，可以试拍一张（将干板切成长条，不同时间曝光，一次显影、定影处理，可以找到准确的曝光时间）。曝光之前，把干板夹上，药膜面朝向物体，稳定2～3分钟再曝光（消除在夹干板过程中的应力变化）。曝光时，切勿大声喧哗和碰动工作台及台面上的任何物品。

（5）曝光后取下干板，不同干板的处理方式不同。

【注意事项】

像面全息与一步彩虹全息的区别是在光路中L（成像物镜）的前后加一个狭缝。缝宽在5～8mm。照一步彩虹全息时，由于加狭缝，光通过狭缝，光强减弱很多，因此要求激光器功率在30mw以上。否则曝光时间长，外界振动干扰大，像照得模糊或照不出来。加的狭缝太宽，重现像会产生"混频"现象，色彩不鲜艳；狭缝太窄，通光量太小，影响像的亮度。

【问题及反思】

1. 像面全息和一步彩虹全息图为什么可以白光再现？

2. 怎样提高彩虹全息图颜色的鲜艳度？

实验十六

全息光栅的制作

【实验目的】

◇ 掌握全息光栅的制作原理。
◇ 学会制作全息光栅的方法。

【实验原理】

全息光栅的制作原理和普通菲涅耳全息照相原理相同,都是两路光波在满足相关条件下,在一定的夹角和一定分光(物光和参考光)比,底片曝光后进行显影、水洗、定影、水洗、晾干等步骤。

制作全息光栅用的两路光波都是平面光波(即准直光波)。

如图 16 – 1 所示,两平面光波 I 和 II 在 P 平面上法线的交角为 θ_1 和 θ_2。

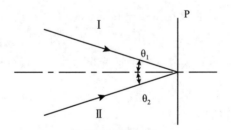

图 16 –1 制作全息光栅示意光路

资料来源:由天津港东科技发展有限公司授权。

由杨氏干涉原理，两束光 I 和 II 在 P 平面上形成干涉条纹，其条纹间距：

$$d = \frac{1}{\omega} = \frac{\lambda}{\sin\theta_1 + \sin\theta_2} = \frac{\lambda}{2\sin\dfrac{\theta_1 + \theta_2}{2}\cos\dfrac{\theta_1 - \theta_2}{2}} \qquad (16-1)$$

其中，λ 为激光的波长，ω 为光栅的空间频率。当 $\theta_1 = \theta_2$，且 $\theta_1 + \theta_2 = \theta$ 时：

$$d = \frac{\lambda}{2\sin\dfrac{\theta}{2}} \qquad (16-2)$$

当 θ 很小时：

$$d \approx \frac{\lambda}{\theta} \qquad (16-3)$$

当所制的光栅空间频率较低时，两束光的会聚角不大，就可以根据上述公式估算光栅的空间频率，具体估算法见图 16-2。

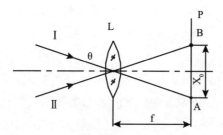

图 16-2　估算两光束 I 和 II 的夹角 θ 光路

资料来源：由天津港东科技发展有限公司授权。

把透镜 L 放在 I 和 II 的交点处。则在 L 的后焦面 P 上就会聚成两个亮点 A 和 B，两亮点之间的距离为 X_0，透镜焦距为 f，则有：

$$\theta = \frac{X_0}{f} \qquad (16-4)$$

将式（16-4）代入式（16-3）得到：

$$d = \frac{f\lambda}{X_0} \qquad (16-5)$$

即光栅的频率为 $\omega = \dfrac{X_0}{f\lambda}$。

【实验内容和步骤】

1. 透射式全息平面光栅的制作实验

（1）按图 16 - 3 打开激光器。将光源的高度与所有光具座中心高度调相等。

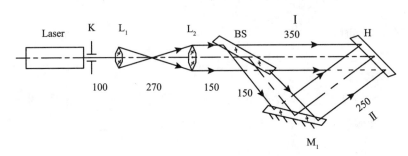

图 16 - 3 透射式全息光栅制作光路图

资料来源：由天津港东科技发展有限公司授权。

（2）调节 L_1 和 L_2，使从 L_2 输出的光是平行光（准直光）。

其中，Laser：半导体激光器，K：曝光定时器，L_1：扩束镜 f = 4.5mm，L_2：透镜 f = 225mm，BS：分束镜，M_1：反射镜，H：干板。

简单的调节方法：在一张白纸上用圆规画一个与 L_2 口径一样大小的圆，然后沿光轴前后移动白纸，发现从 L_2 出来的光束有时大有时小，沿光轴前后移动 L_2，直到光束口径与白纸上的圆相等，再移动白纸，光束口径不变为止。说明从 L_2 出来的光是平行光。

将此光透过半透半反镜，射到毛玻璃 H 上，称此光束为"Ⅰ"。用尺量一下从 BS 到 H 的距离 A。

（3）平行光通过半透半反镜 BS 反射到 M_1 上，然后通过 M_1 反射到毛玻璃 H 上，称此光束为"Ⅱ"。调节 M_1，使 BS 到 M_1 加 M_1 到 H 的距离比较接近于 A。调节分束镜 BS 和反射镜 M_1 的角度，使光束Ⅰ和光束Ⅱ在 H 上相交。在光束Ⅰ（或光束Ⅱ）中间放一块减光板，使光束Ⅰ与光束Ⅱ光强相等，即 1:1（也可以移动无级分光镜的位置）。在毛玻璃 H 后面放一台读数

显微镜，调节此读数显微镜，通过人眼看到毛玻璃上的干涉条纹，干涉条纹

的间距 $d = \dfrac{\lambda}{2\sin\dfrac{\theta}{2}}$，用测微目镜的分划板垂直线对准条纹黑（或白）中间，

如图 16 - 4（a）所示。记下测微目镜读数鼓轮数据，如图 16 - 4（b）所示。

（a）光束Ⅰ和光束Ⅱ产生的干涉条纹
　　测微目镜上的分划板

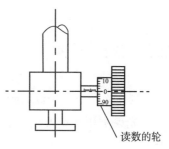

（b）测微目镜

图 16 - 4　测微目镜

资料来源：由天津港东科技发展有限公司授权。

用分划板扫干涉条纹，如 1mm 读出条纹 50 条（即每毫米 50 条线）。若
没有达到规定要求，条纹多了，就调节 M_1（或 BS）角度，减小 θ；若条纹
少了，则调节 M_1（或 BS）的角度，增大 θ 角，直到达到要求为止。

（4）光路调好后，关闭快门，装上干板，药膜面朝来光方向，稳定 2 ~ 3
分钟（消除应力），打开快门、曝光。根据光强的大小，选择曝光时间（一
般 3 ~ 10 秒），曝光后取下干板，进行显影、水洗、定影、水洗、晾干等
工序。

2. 正交光栅与复合光栅的制作

正交光栅制作方法同一维光栅的制作大致相同。只是在一维光栅曝光以
后把全息干板转动 90 度，再一次曝光，然后取下进行处理，这是指两次曝光
的条纹（夹角）都相等。若不等，如第一次是 30 条/mm，第二次是 50 条/
mm，那么在曝完第一次光以后（记住干板放的方向）取下干板，换上毛玻
璃。调节光束Ⅰ与光束Ⅱ的夹角（增大夹角）。同样用读数显微镜数条纹。
角度调节直到要求的 50 条/mm 为止。关上快门，装上第一次曝光后的干板，

将此干板旋转90度，稳定2～3分钟（消除应力），进行第二次曝光。曝光后取下干板，进行显影、水洗、定影、晾干等工序。

若是复合光栅，第二次调节的给定的角度，不是90度，而是任意给定的，再次曝光，显影，定影等。或改变三次角度三次曝光，再一次冲洗，总之在干板上改变一次角度曝光一次，多次曝光，一次冲洗，得到的就是复合光栅。

【注意事项】

在制作光栅时，为保证光栅的衍射效率高，要求：

△ 光束 I 和光束 II 的光程尽量相等，这样两束光的相干性好，条纹反差大。

△ 两束光的光强比为1:1，这样记录的干涉条纹对比度大，反差大，衍射效率高。

【问题及反思】

怎样使制作出的全息光栅衍射效率高？

实验十七

数字全息实验

数字全息是用光电传感器件（如 CCD 或 CMOS）代替干板记录全息图，然后将全息图存入计算机，用计算机模拟光学衍射过程来实现被记录物体的全息再现和处理。数字全息与传统光学全息相比具有制作成本低、成像速度快、记录和再现灵活等优点。近年来，随着计算机特别是高分辨率 CCD 的发展，数字全息技术及其应用受到越来越多的关注，其应用范围已涉及形貌测量、变形测量、粒子场测试、数字全息显微、防伪、三维图像识别、医学诊断等许多领域。

【实验目的】

通过本实验熟悉数字全息实验原理和方法；通过观察全息图的微观结构，更深入地理解全息记录和再现的原理；学会通过 Matlab 编程实现离轴全息图的数字再现和成像方法。具体实验内容：

（1）熟悉数字全息实验光路。

（2）用 CCD 数码相机记录物体的离轴干涉全息图。

（3）通过 Matlab 编程对实验记录的离轴全息图进行数字重现和成像。

（4）分析研究再现参数对再现像的影响。

【实验原理】

图 17 – 1 是一个典型的数字全息波前测量实验光路。

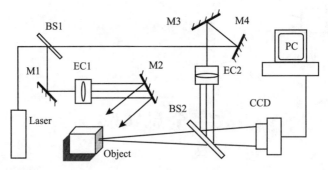

图 17 - 1　典型的数字全息实验光路

其中，Laser：激光器；M1：平面镜 1；M2：平面镜；M3：平面镜 3；M4：平面镜 4；BS1：分束器 1；BS2：分束器 2；EC1：扩束准直器 1；EC2：扩束准直器 2；PC：计算机；CCD：CCD 数码相机；Object：物体。

图 17 - 1 中，激光器发出的光经分束器 BS1 分成两束：一束经过反射镜 M1、M2 和扩束准直器 EC1 照射到被记录物体上形成物波；另一束经反射镜 M3、M4、扩束准直器 EC2 和分束器 BS2 形成参考光并与物波叠加形成全息图；由 CCD 数码相机记录并在计算机中进行数字重现。

设被记录物体的透过率函数为 t(x，y)，用振幅为 A 的垂直平面波照明。则在相距为 z 的记录介质平面上，衍射物波的复振幅 u(x，y) 分布可由菲涅耳衍射积分公式求得为：

$$u(x，y) = \frac{A}{j\lambda z}\iint t(x_o，y_o)\exp\left\{\frac{j\pi}{\lambda z}\left[(x - x_o)^2 + (y - y_o)^2\right]\right\}dx_o dy_o$$

$$(17 - 1)$$

若参考光为平面波，且传播方向与 z 轴夹角为 θ，则参考光在记录平面上的复振幅分布 r(x，y) 可简写为：

$$r(x，y) = R\exp\left[j\frac{2\pi}{\lambda}x\sin\theta\right] \qquad (17 - 2)$$

物光和参考光相干叠加后的强度分布为：

$$\begin{aligned} I(x，y) &= |u(x，y) + r(x，y)|^2 \\ &= |u|^2 + |r^2| + u(x，y)\tilde{r}(x，y) + \tilde{u}(x，y)r(x，y) \end{aligned}$$

$$(17 - 3)$$

其中，$\tilde{u}(x，y)$ 为 u(x，y) 的复共轭。由数码相机记录下该强度分布并输入计算机，就得到数字全息图。理想情况下，数字全息图的透过率 h(x, y) 正比于光强度，即：

$$h(x, y) = A + B[\,|u|^2 + |r^2| + u(x, y)\,\tilde{r}(x, y) + \tilde{u}(x, y)r(x, y)\,]$$

$$(17-4)$$

全息图的数字再现就是通过在计算机中模拟全息图的再现过程（如图 17-2 所示）得到被记录物体的透过率函数。

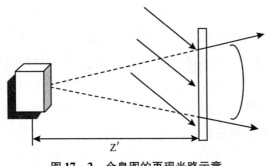

图 17-2 全息图的再现光路示意

具体过程如下：

（1）先用与参考光相同的光作照明光照明全息图，即用如式（17-2）所示的照明函数乘式（17-4）所示的全息图透过率函数，然后进行下列逆菲涅耳衍射积分：

$$u'(x_o, y_o) = C' \iint h(x, y) \exp\left[j\frac{2\pi}{\lambda}x\sin\theta'\right]$$

$$\exp\left\{-\frac{j\pi}{\lambda z'}[(x-x_o)^2 + (y-y_o)^2]\right\}dxdy$$

$$= C't(x_o, y_o) + n(x_o, y_o) \qquad (17-5)$$

其中，n(x, y) 是共轭像、零级衍射和其他因素引入的噪声项。

（2）利用程序模拟采用不同方向参考光照射得到的全息图，并与原参考光照射时的情况比较。

（3）编写再现离轴全息图的数字全息再现程序。

（4）在 Matlab 数字全息再现程序中设置适当大小的波长、抽样间隔、衍射距离、步进量和步进次数等参数后运行该程序。根据模拟输出结果调整以上参数直到能得到最好的再现像。

（5）分别改变抽样间隔、再现波长等参数，重复上述数字重现过程。定量研究全息再现像的像距和再现像大小与全息再现过程中的抽样间隔和再现波长的依赖关系。

【实验仪器】

图 17 – 3 是本实验中实际采用的实验光路图。图 17 – 3 中，一扩束后的激光经分束镜 BS1 分成两束；一束经过反射镜 M2 垂直照射到待记录物体 O 上形成物光 Uo；另一束作为参考光 R 经反射镜 M1 和分光镜 BS2，在 CCD 所在平面上与物光相干叠加形成干涉图样。用 CCD 数码相机记录下物光 O 和参考光 R 的干涉图样并输入计算机就得到物体 O 的数字全息图。利用计算机程序就可以对数字全息图进行图像处理和数字重现。

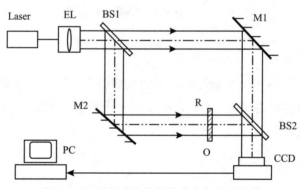

图 17 – 3　透射式物体的数字全息实验光路

【实验内容和步骤】

（1）按照图 17 – 3 所示建立和调整好实验光路。

（2）调整 CCD 的位置使物光的衍射光斑位于 CCD 图像的中央。

（3）调整反射镜 M1 和分光镜 BS2 的方向使参考光与物光相干叠加，并使干涉条纹的平均周期在 4 ~ 10 个像素。

（4）实验观察并记录。首先，挡住参考光观察并记录物光的菲涅耳衍射图样；其次，挡住物光观察并记录参考光在记录平面上的强度分布；最后，观察并记录物光和参考光叠加后的干涉图样，即全息图。

（5）测量物体 O 到 CCD 记录平面的距离 s。

（6）运行基于 Matlab 的数字全息再现程序，研究全息图的再现特性。

【数据记录与处理】

1. 实验条件

（1）光源：_____ mW 激光器，输出波长 λ = _____ nm。

（2）准直透镜焦距：_____ mm。

（3）数码相机的已知参数：_____ 摄像头，像素数_____ × _____。

2. 实验结果

（1）记录光路中被记录物体到记录平面的距离 s。

（2）被记录物体本身的菲涅耳衍射图样。

（3）具有不同参考光角度的数字全息图（将所记录全息图的一部分裁剪到该记录中）。

（4）全息图的数字再现结果（将再现结果的主要部分裁剪到该记录中）。

（5）取不同再现波长时的再现像距（见表 17 – 1）。

表 17 – 1　　　　　　　　不同再现波长时的再现像距

再现波长（μm）						
再现像距 s'（mm）						

（6）取不同抽样间隔时的再现像距（见表 17 – 2）。

表 17 – 2　　　　　　　　不同抽样间隔时的再现像距

再现抽样间隔 dx'（μm）						
再现像距 s'（mm）						

在 Word 文档中编辑整理上述实验记录图样和数据，并详细记录实验条件和参数。在此基础上完成本实验的实验报告。

实验十八

光速测量实验

本实验是利用光拍法在实验室条件下进行光速测定，其原理是让激光束通过声光移频器，获得具有一定频差的两束光，它们叠加在一起得到光拍，用振幅分光法将光拍进行分光，并使两光拍束经过不同路径后在光电检测器上重新叠加，通过光电转换及滤波放大等信号处理，在示波器上显示两分光拍电信号，根据两分光拍的光程差及其电信号的位相差即可求得光速。

【实验目的】

◇ 进一步理解光拍频的概念、掌握光拍法测量光速的技术，了解声光调制器的应用。

◇ 掌握光拍法测量光速的技术和光拍法测光速的实验方法。

◇ 进一步学习光路的调整，熟练示波器的使用。

【实验仪器】

HLD – LS – III 型光速测定仪、示波器、频率计等。

【实验原理】

光波是电磁波，光速是最重要的物理常数之一。光速的准确测量有重要的物理意义，也有重要的实用价值。基本物理量长度的单位就是通过光速定义的。

我们知道，光速 $c = s/\Delta t$，s 是光传播的距离，Δt 是光传播 s 所需的时间。如 $c = f\lambda$ 中，λ 相当光速公式的 s 可以方便测得，但光频 f 大约为 10^{14} Hz，我们没有那样的频率计。同样，传播 λ 距离所需的时间 $\Delta t = 1/f$ 也没有比较方便的测量方法。如果使 f 变得很低，如 30MHz，那么波长约为 10m，这种测量对我们来说是十分方便的。这种使光频"变低"的方法就是所谓的"光拍频法"。频率相近的两束光同方向共线传播，叠加成拍频光波，其强度包络的频率（即光拍频）即为两束光的频差，适当控制它们的频差即可达到降低拍频光波频率的目的。

1. 光拍的产生和传播

根据振动叠加原理，频差较小，速度相同的两个同向共线传播的简谐波相叠加形成"拍"。拍频波的频率（即拍频）是相叠加两列简谐波的频差。考虑振动频率分别为 f_1、f_2（频差 $\Delta f = f_1 - f_2$ 较小）的两光束（为简化讨论，我们假定它们具有相同的振幅）。

$$E_1 = E\cos(\omega_1 t - k_1 x + \varphi_1)$$
$$E_2 = E\cos(\omega_2 t - k_2 x + \varphi_2) \qquad (18-1)$$

其中，$k_1 = 2\pi/\lambda_1$、$k_2 = 2\pi/\lambda_2$ 为波数，φ_1 和 φ_2 分别为两列波在坐标原点的初位相。若这两列光波的偏振方向相同，则叠加后的总场为：

$$E_s = E_1 + E_2$$
$$= 2E\cos\left[\frac{\omega_1 - \omega_2}{2}\left(t - \frac{x}{c}\right) + \frac{\varphi_1 - \varphi_2}{2}\right] \times \cos\left[\frac{\omega_1 + \omega_2}{2}\left(t - \frac{x}{c}\right) + \frac{\varphi_1 + \varphi_2}{2}\right]$$
$$(18-2)$$

角频率为 $\frac{\omega_1 + \omega_2}{2}$，振幅为 $2E\cos\left[\dfrac{(\omega_1 - \omega_2)\left(t - \frac{x}{c}\right)}{2} + \dfrac{(\varphi_1 - \varphi_2)}{2}\right]$ 的前进

波。注意到 E_s 的振幅以频率 $\frac{\omega_1 - \omega_2}{2\pi}$ 周期的变化，所以我们称它为拍频波，如图 18-1 所示。

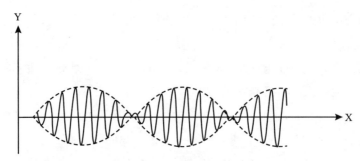

图 18 - 1　光拍频的形成

资料来源：黄槐仁：《近代物理实验》，北京理工大学出版社 2019 年版。

当用光电检测器接收这个拍频波时，因为光电检测器的光敏面上光照反应所产生的光电流系光强（即电场强度的平方）所引起，所以输出光电流为：

$$i_0 = gE_s^2 \qquad (18-3)$$

g 为接收器的光电转换常数。把式（18 - 2）代入式（18 - 3）。同时注意，由于光频甚高，光敏面来不及反映频率如此之高的光强变化，迄今为止仅能反映频率 10^9 Hz 左右的光强变化，并产生电流。光电检测器对光的接收和转换过程可视为将 i_0 对时间的积分，并取对光电检测器的响应时间 $\tau(1/f < \tau < 1/\Delta f)$ 的平均值。结果 i_0 积分中高频项为零，只留下常数项和差频项。即：

$$\bar{i_0} = \frac{1}{\tau}\int i_0 d\tau = gE^2\left\{1 + \cos\left[\Delta\omega\left(\tau - \frac{x}{c}\right) + \Delta\varphi\right]\right\} \qquad (18-4)$$

其中，$\Delta\omega = \omega_1 - \omega_2$，$\Delta\varphi = \varphi_1 - \varphi_2$，可见光电检测器输出的光电流包含有直流和光拍频交变信号两种成分，滤去直流成分，即得频率为拍频 Δf，位相与光程有关的光拍频电信号。

图 18 - 2 是光拍信号在某一时刻的空间分布，如果接收电路将直流成分滤掉，即得纯粹的拍频信号在空间的分布。这就是说，处在不同空间位置的光电检测器，在同一时刻有不同位相的光电流输出。这就提示我们可以用比较相位的方法间接地测定光速。

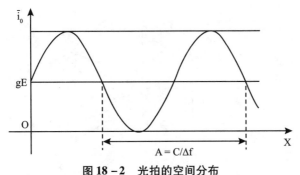

图 18 – 2 光拍的空间分布

资料来源：高铁军、孟祥省、王书运：《近代物理实验》，科学出版社 2017 年版。

事实上，由式（18 – 4）可知，光拍信号的同位相诸点有以下关系：

$$\Delta\omega x/c = 2n\pi \text{ 或 } x = nc/\Delta f \qquad (18 – 5)$$

其中，n 为整数，相邻两同相点的距离 $A = c/\Delta f$，即相当于拍频波的波长。测定了 A 和光拍频 Δf，即可确定光速 c。

2. 相拍二光束的获得

光拍频波要求相拍二光束具有一定的频差，使激光束产生固定频移的办法很多，用得最多的是声光频移法。利用声光互相作用产生频移的方法有两种。

一种是行波法，在声光介质与声源（压电换能器）相对的端面上敷以吸声材料，防止声行波通过，如图 18 – 3 所示。声光互相作用的结果使激光束产生对称多级衍射。第 L 级衍射光的角频率为 $\omega_L = \omega_0 + L\Omega$，其中，$\omega_0$ 为入射光的角频率，Ω 为声角频率，衍射级 $L = \pm 1$，± 2，…如其中 +1 级衍射光频为 $\omega_0 + \Omega$。通过仔细的光路调节，我们可使 +1 与 0 级两束光束平行叠加，产生频差为 Ω 的光拍频波。

另一种是驻波法，如图 18 – 4 所示。利用声波的反射，使介质中存在驻波声场（相当于介质传声的厚度为半声波长的整数倍数的情况）。它也产生多级对称衍射，而且衍射光比行波法时强得多（衍射效率高），第 1 级的衍射光频为 $\omega_{Lm} = \omega_0 + (L + 2m)\Omega$，其中 L，$m = 0$，$\pm 1$，$\pm 2$，…可见驻波声光器件的任一衍射光束内含有多种频率成分，这相当于许多束不同频率的激光的叠加（强度各不相同）。因此，不用调节光路就能获得拍频波。

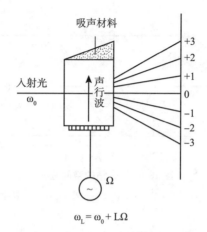

$$\omega_L = \omega_0 + L\Omega$$

图 18 - 3　行波法

资料来源：黄槐仁：《近代物理实验》，北京理工大学出版社 2019 年版。

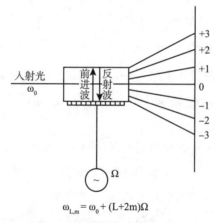

$$\omega_{L,m} = \omega_0 + (L+2m)\Omega$$

图 18 - 4　驻波法

资料来源：黄槐仁：《近代物理实验》，北京理工大学出版社 2019 年版。

比较两种方法，显然驻波法有利，我们选用该种方法。

3. 工作原理

图 18 - 5 是该实验的工作原理图，主要包括发射部分、光电接收和信号处理部分以及电源三部分。

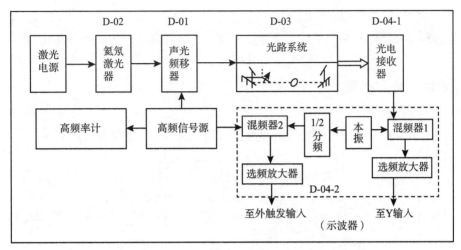

图 18－5　光速测量实验装置工作原理

资料来源：由南京恒利达光电有限公司授权。

（1）发射部分。

长 250mm 的氦氖激光管输出波长为 6328Å，功率大于 1.5mW 的激光束射入声光频移器中，同时功率信号源输出的频率为 15MHz 左右、功率 1W 左右的正弦信号加在频移器的晶体换能器上，在声光介质中产生声驻波，使介质产生相应的疏密变化，形成一相位光栅，则出射光具有 2 种以上的光频，其产生的光"拍"信号为功率信号源频率的倍频，频率信号源采用考兹振荡电路，经预选放大，功放输出。

（2）光电接收和信号处理部分。

由电路系统出射的拍频光，经光敏二极管接收转化为频率为光拍频的高频电信号，输入至分频器混频电路。该信号与本振信号混频，选放后输入至示波器的 Y 输入端。与此同时，功率信号发生器的另一路输出信号与 1/2 本振信号混频，选放后作为示波器的外触发信号。如果使用示波器内触发，将不能正确显示二路光波之间的位相差，所以示波器需要工作在外触发模式。

（3）电源。

激光电源采用倍压整流电路，工作电压部分采用大电解电容，使之有一定的电流输出，触发电压采用小容量电容，利用其时间常数小的性质，使该部分电路在有工作负载的情况下形同短路，结构简洁、有效。

±15V 电源采用三端固定集成稳压器件，负载≥300mA，提供给光电接收器和信号处理部分，±15V 电源降压调节处理后供给斩光器的小电机。

【实验内容和步骤】

图 18 − 6 是光速测量实验的光路示意图，具体实验步骤如下。

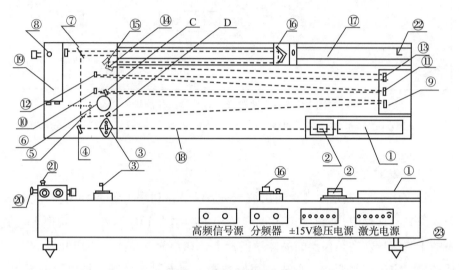

图 18 − 6   光路示意

资料来源：由南京恒利达光电有限公司授权。

（1）调节底脚螺栓，使仪器处于水平状态。

（2）将电源线接入仪器电源插口。将高频信号源的 FREQUENCY DE-TERMINNATION 输出端口接至频率计输入端口。将仪器分频器的"Y"端接至示波器的"Y"输入通道；将分频器的"EXT"输出端接至示波器的外部触发输入端口。

（3）连接好线路，经老师检查无误后方能打开电源。打开 ±15V 电源开关和激光器电源开关；调节激光器①的电位器使电流约 6 毫安，激光经过声光频移器②到达光阑③；调节光阑③的高度与光路反射镜中心等高，使 +1 级或 −1 级衍射光通过光栅入射到相邻反射镜④的中心。

（4）（粗调）用斩光器⑥挡住远程光，调节全反镜④，使近程光反射到半反镜⑦的中心，再反射到光电接收盒⑲的光电二极管的光敏面上。再用斩光器⑥挡住近程光，调节半反镜⑤、全反镜（⑨～⑮）和正交反射镜组⑯，经半反镜⑦与近程光同路径入射到光电二极管的光敏面上。这时调节示波器，显示屏上应有与远程光光束相应的经分频的光拍波形出现。

（5）用斩光器⑥挡住远程光，调节全反镜④和半反镜⑦使近程沿光电二极管前透镜⑱的光轴入射到光电二极管的光敏面上，打开光电接收器盒⑲上的窗口⑧可观察激光是否进入光敏面。这时，示波器上应有与近程光光束相应经过分频的光拍波形出现（为减小测量误差和便于调节光路，光点应打在全反镜或半反镜的中心）。

（6）（细调）（4）（5）两步骤应反复调节，直至达到要求。这时，打开斩光器电机开关（在 ±15V 稳压电源上），调节电机限流电位器使电机转速适中（约30Hz）；调节示波器，显示屏上应有与近、远程光光束相应的经分频的光拍波形出现；光敏二极管（即它的光敏面）的方位可通过调节装置⑳和㉑使示波器屏上显示最大振幅来确定。

（7）微调斩光器的电机旋钮，借助示波管的余辉可在屏上同时显示出近程光和远程光的波形。手摇移动导轨上装有正交反射镜的滑块，改变远、近光的光程差，可使相应二光拍信号同相（位相差 $\Delta\Phi$ 为 2π），此时示波器上近程光和远程光重合。

【数据记录与处理】

用尺子测量光程差 ΔL（实际远程光的光程减去近程光的光程），拍频 $\Delta f = 2F$。其中，F 为功率信号源的工作频率（可从频率计读出）。

根据公式 $c = 2\pi \cdot \Delta f \cdot \Delta L/\Delta\Phi = 4\pi \cdot F \cdot \Delta L/\Delta\Phi$，若 $\Delta\Phi$ 为 2π，则 $c = 2F \cdot \Delta L$。

反复多次测量，记录测量数据，计算光速 c 并计算标准偏差，将实验值与公认值相比较进行误差分析。

【注意事项】

△ 声光频移器引线及冷却铜块不得拆卸。

△ 各单元电路的直流电源必须按规定极性通电，严禁反接。

△ 切忌用手指或其他污秽、粗糙物接触光学元器件的光学面。

△ 切勿带电触摸激光电源和激光管电极等高压部位，以保证仪器和人身安全。

【问题及反思】

1. 按实验中各个量的测量精度估计本实验的误差。如何进一步提高本实验的测量准确度？

2. 有人建议用双光电检测器和双踪示波器代替本实验所采用的单光电检测和单通道示波器测量光速，你对此有何评论？

3. 为什么说用示波器内触发同步会引起较大的光速测量误差？

实验十九

激光拉曼光谱

光的散射（scattering of light）是指光通过不均匀介质时一部分光偏离原方向传播的现象，偏离原方向的光称为散射光，如天空中出现红色霞光、晴朗的天空呈蓝色、广阔的大海呈深蓝色等。早在 1871 年，这种现象就可以用大气和海水对太阳光的瑞利散射予以解释，在入射光电磁场的作用下分子做受迫振动而发生光的散射，散射光的频率与入射光的频率相同，瑞利散射的强度与入射光波长的四次方成反比（$I \propto 1/\lambda^4$）。在 1923 ~ 1927 年，斯迈克尔（Smekal）、海森堡（Heisenburg）、薛定谔（Schrödinger）和狄拉克（Dirac）等著名物理学家，根据量子力学理论，先后预言了"单色光被物质散射时可能存在有频率发生改变的散射光"，这为随后不久发现的拉曼效应奠定了基础。1928 年，印度物理学家拉曼（Raman）和克利希南（Krisman）实验发现，当光穿过液体苯时被分子散射的光发生频率变化，在单色光的散射光谱中除了有瑞利谱线外，还有一些很弱的谱线，这些谱线的频率与入射光的频率不同，这些散射光携带散射体结构和状态的信息，被命名为拉曼散射。

拉曼散射是一种用得很多的分析测试手段，拉曼散射是在可见区，且可通过选用光源而定频段，其灵敏度足可检出四氯化碳中万分之一的杂质苯，样品量只是 $10^{-6} ~ 10^{-3}$g 量级。

拉曼光谱尤其有利于分析有机物、高分子、生物制品、药物等，故成为化学、农业、医药、环保及商检等行业的重要分析技术。在凝聚态物理学中，拉曼光谱也是取得结构和状态信息的重要手段。

【实验目的】

◇ 了解拉曼散射的基本原理和使用方法。

◇ 学习简单的谱线分析方法，测量样品的拉曼光谱。

【实验仪器】

Renishaw InVia 激光显微共聚焦拉曼光谱仪

【实验原理】

1. 拉曼散射光特性

当波束为 ν_0 的单色光入射到介质上时，除了被介质吸收、反射和透射外，总会有一部分被散射。按散射光相对于入射光波数的改变情况，可将散射光分为三类：第一类，其波数基本不变或变化小于 $10^{-5}\,\mathrm{cm}^{-1}$，这类散射称为瑞利散射；第二类，其波数变化大约为 $0.1\,\mathrm{cm}^{-1}$，称为布利源散射；第三类是波数变化大于 $1\,\mathrm{cm}^{-1}$ 的散射，称为拉曼散射；从散射光的强度看，瑞利散射最强，拉曼散射最弱。

2. 拉曼散射光原理

在经典理论中，拉曼散射可以看作入射光的电磁波使原子或分子电极化以后所产生的，因为原子和分子都是可以极化的，所以产生瑞利散射。由于极化率又随着分子内部的运动（转动、振动等）而变化，因此产生拉曼散射。

在量子理论中，把拉曼散射看作光量子与分子相碰撞时产生的非弹性碰撞过程，如图 19-1 所示。当入射的光量子与分子相碰撞时，可以是弹性碰撞的散射，也可以是非弹性碰撞的散射。在弹性碰撞过程中，光量子与分子均没有能量交换，于是它的频率保持恒定，这叫瑞利散射；在非弹性碰撞过程中，光量子与分子有能量交换，光量子转移一部分能量给散射分子，或者从散射分子中吸收一部分能量，从而使它的频率改变，它取自或给予散射分子的能量只能是分子两定态之间的差值 $\Delta E = E_1 - E_2$，当光量子把一部分能量交给分子时，光量子则以较小的频率散射出去，称为频率较低的光（斯托克斯线），散射分子接受的能量转变成为分子的振动或转动能量，从而处于激发态 E_1，这时的光量子的频率为 $\nu' = \nu_0 - \Delta\nu$；当分子已经处于振动或转动的激发态 E_1 时，光量子则从散射分子中取得了能量 ΔE（振动或转动能量），以较大的频率散射，称为频率较高的光（反斯托克斯线），这时的光量子的频率为 $\nu' = \nu_0 + \Delta\nu$。如果考虑到更多的能级上分子的散射，则可产生更多的斯托克斯线和反斯托克斯线。

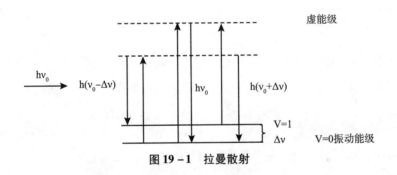

图 19 – 1　拉曼散射

最简单的拉曼光谱如图 19 – 2 所示，在光谱图中有三种线，中央的是瑞利散射线，频率为 ν_0，强度最强；低频一侧的是斯托克斯线，与瑞利线的频差为 $\Delta\nu$，强度比瑞利线的强度弱很多，约为瑞利线的强度的几百万分之一至上万分之一；高频的一侧是反斯托克斯线，与瑞利线的频差也为 $\Delta\nu$，和斯托克斯线对称地分布在瑞利线两侧，强度比斯托克斯线的强度又要弱很多，因此并不容易观察到反斯托克斯线的出现，但反斯托克斯线的强度随着温度的升高而迅速增大。斯托克斯线和反斯托克斯线通常称为拉曼线，其频率常表示为 $\nu_0 \pm \Delta\nu$，$\Delta\nu$ 称为拉曼频移，这种频移和激发线的频率无关，以任何频率激发这种物质，拉曼线均能伴随出现。因此从拉曼频移又可以鉴别拉曼散射池所包含的物质。

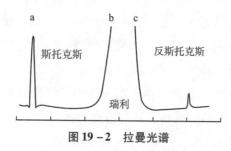

图 19-2 拉曼光谱

资料来源：杨序纲、吴琪琳：《应用拉曼光谱学》，科学出版社 2022 年版。

按照经典电磁理论，单色入射光照射到样品，使分子产生振荡的感生偶极矩，这个振荡的感生偶极矩又可视为一个辐射源，发射出瑞利散射光和拉曼散射光。当入射光不是很强时，感生偶极矩 P 与分子极化率 α 以及电场强度 E 之间的近似关系为：

$$P = \alpha E \qquad (19-1)$$

由于分子中各原子核在其平衡位置附近振动，分子的极化率也将随之改变，因此极化率的各个分量可以按简正坐标展开为泰勒级数形式：

$$\alpha_{ij} = (\alpha_{ij})_0 + \sum_k \left(\frac{\partial \alpha_{ij}}{\partial Q_k}\right)_0 Q_k \qquad (19-2)$$

其中，$(\alpha_{ij})_0$ 是分子在平衡位置的 (α_{ij}) 值，通常是不变的，Q_k 是分子振动的简正坐标，这里已略去二次项及高次项。

假定分子的振动是简谐振动，相位因子等于 0，于是有：

$$Q_k = Q_{k0} \cos(2\pi\nu_\kappa t) \qquad (19-3)$$

其中，Q_{k0} 是简正坐标的振幅，ν_k 是分子的简正振动频率。只考虑一个分量，有：

$$\begin{aligned}
P &= \alpha_0 E_0 \cos(2\pi\nu_0 t) + \alpha_k' E_0 Q_{k0} \cos(2\pi\nu_0 t)\cos(2\pi\nu_k t) \\
&= \alpha_0 E_0 \cos(2\pi\nu_0 t) + \alpha_k' E_0 Q_{k0} \{\cos[2\pi(\nu_0 - \nu_k)t] + \cos[2\pi(\nu_0 + \nu_k)t]\}/2
\end{aligned}$$

$$(19-4)$$

第一项表示感生偶极矩频率，对应于瑞利散射，第二项和第三项分别表示感生偶极矩与分子简正振动频率，分别对应于拉曼散射的斯托克斯线和反斯托克斯线。

拉曼散射强度正比于入射光的强度，并且在产生拉曼散射的同时，必然存在强度大于拉曼散射至少一千倍的瑞利散射。因此，在设计或组装拉曼光谱仪和进行拉曼光谱实验时，必须同时考虑尽可能增强入射光的光强和最大限度地收集散射光，又要尽量地抑制和消除主要来自瑞利散射的背景杂散光，提高仪器的信噪比。

【实验装置】

拉曼光谱仪一般由图 19 – 3 所示的 5 个部分构成。

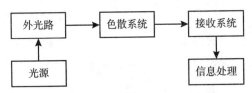

图 19 – 3　激光拉曼光谱仪结构示意

资料来源：由雷尼绍公司授权。

1. 光源

它的功能是提供单色性好、功率大并且最好能多波长工作的入射光。目前拉曼光谱实验的光源已全部用激光器代替历史上使用的汞灯。对常规的拉曼光谱实验，常见的气体激光器基本上可以满足实验的需要。在某些拉曼光谱实验中要求入射光的强度稳定，这就要求激光器的输出功率稳定。

2. 外光路

外光路部分包括聚光、集光、样品架、滤光和偏振等部件。

（1）聚光：用一块或两块焦距合适的会聚透镜，使样品处于会聚激光束的腰部，以提高样品光的辐照功率，样品在单位面积上辐照功率比不用透镜会聚前增强 10^5 倍。

（2）集光：常用透镜组或反射凹面镜作散射光的收集镜。通常是由相对孔径数值在 1 左右的透镜组成。为了更多地收集散射光，对某些实验样品可在集光镜对面和照明光传播方向上加反射镜。

（3）样品架：样品架的设计要保证使照明最有效和杂散光最少，尤其要避免入射激光进入光谱仪的入射狭缝。为此，对于透明样品，最佳的样品布置方案是使样品被照明部分呈光谱仪入射狭缝形状的长圆柱体，并使收集光方向垂直于入射光的传播方向。

（4）滤光：安置滤光部件的主要目的是抑制杂散光以提高拉曼散射的信噪比。在样品前面，典型的滤光部件是前置单色器或干涉滤光片，它们可以滤去光源中非激光频率的大部分光能。小孔光栏对滤去激光器产生的等离子线有很好的作用。在样品后面，用合适的干涉滤光片或吸收盒可以滤去不需要的瑞利线的一大部分能量，提高拉曼散射的相对强度。

（5）偏振：做偏振谱测量时，必须在外光路中插入偏振元件。加入偏振旋转器可以改变入射光的偏振方向；在光谱仪入射狭缝前加入检偏器，可以改变进入光谱仪的散射光的偏振；在检偏器后设置偏振扰乱器，可以消除光谱仪的退偏干扰。

3. 色散系统

色散系统使拉曼散射光按波长在空间分开，通常使用单色仪。由于拉曼散射强度很弱，因而要求拉曼光谱仪有很好的杂散光水平。各种光学部件的缺陷，尤其是光栅的缺陷，是仪器杂散光的主要来源。当仪器的杂散光本领小于 10^{-4} 时，只能作气体、透明液体和透明晶体的拉曼光谱。

4. 接收系统

拉曼散射信号的接收类型分单通道和多通道接收两种。光电倍增管接收就是单通道接收，雷尼绍 inVia 光谱仪采用的是 CCD 矩阵探测器，是多通道接收。

5. 信息处理与显示

采用计算机及配套软件画出图谱。

6. 仪器结构

Invia 激光拉曼光谱仪器的总体结构如图 19－4 所示。仪器配套实验台，各分部件安装于实验台上，实验台结实平稳，满足精度光学实验的要求。

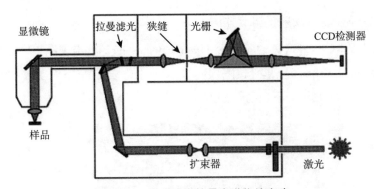

图 19 - 4　激光显微拉曼光谱仪结光路

资料来源：由雷尼绍公司授权。

【实验步骤】

1. 实验光路优化

光路分为激光光路和信号光路两部分（如图 19 - 5 所示）。其中，激光光路中可以调节的部分为右下反射镜、左下反射镜和左上反射镜（即 rayleigh 滤波片前反射镜）；信号光路可以调节的部分为狭缝和 CCD 区域。

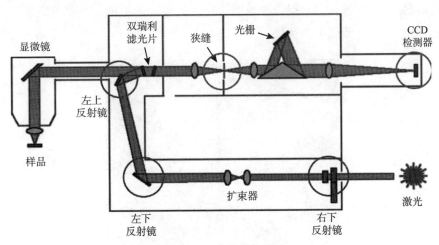

图 19 - 5　光路优化原理

资料来源：由雷尼绍公司授权。

2. 左下及右下反射镜调节方法

点击 WiRE 软件窗口的 Tools > Manual Beamsteer，将出现图 19 - 6 所示的窗口。Manual Beamsteer 窗口中，Beam steer left 表示左下反射镜的调试，Beam steer right 表示右下反射镜的调试。

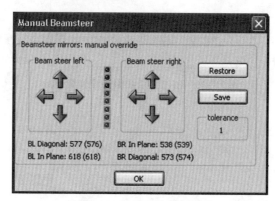

图 19 - 6　左下及右下反射镜

资料来源：由雷尼绍公司授权。

3. 左上反射镜调节方法

Rayleigh 滤光片转台如图 19 - 7 所示，当前实验应用的是第三象限（左下象限）的滤波片组件。拧下红色箭头指示的螺丝，手指穿入黑色把手取下滤光片组件，把手朝上放稳。

图 19 - 7　左上反射镜

资料来源：由雷尼绍公司授权。

将图 19 - 7 中所示的三个螺丝拧下，取下滤波片保护盖。

rayleigh 滤波片组件的内部结构如图 19 - 8 所示，有三个螺丝即左上反射镜的调节螺丝，这里仅需要调节对角线的两个螺丝就可以完成激光光斑的调节。

图 19 - 8　滤波片保护盖

资料来源：由雷尼绍公司授权。

4. 配置部分调节

图 19 - 9 为设置参数，点击 Tools > System configuration 打开 System configuration 窗口。在信号光路调节中，需要注意三部分内容：CCD image 选项（左上部分）：显示信号的成像强度；Motorised Slit（左下部分）：调节狭缝中心位置及宽度（点击 Slit and Shutters 选项时可见）；CCD Area Definition（中部分）：调节应用的 CCD 区域。

5. 测量参数优化步骤

光斑调节好后，运行一次实验（即测量硅片的拉曼光谱）。

（1）点击 System configuration 窗口中右侧的 ready 键，这时会出现图 19 - 10 所示窗口，点击 Yes。

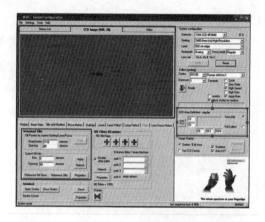

图 19 - 9　设置参数

资料来源：由雷尼绍公司授权。

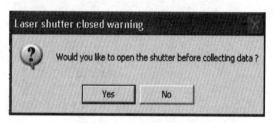

图 19 - 10　CCD 调试

资料来源：由雷尼绍公司授权。

（2）在 CCD Image（见图 19 - 11）区域将会出现以下信号成像。

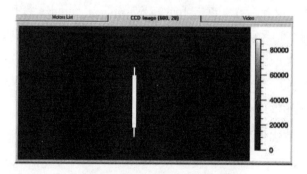

图 19 - 11　CCD 信号优化

资料来源：由雷尼绍公司授权。

（3）优化狭缝。

Motorised Slits 区域包括两部分，上部分为狭缝中心位置（beamcenter）及狭缝宽度，下部分为当前偏离狭缝中心的位置（bias）及狭缝宽度。

在 bias 处填写正值或者负值，即表示狭缝位置向 beamcenter 两个方向偏离的多少。修改此数值后，点击右边的 ready，同时观察 CCD Image 中比例尺的最大值（见图 19-12）。如果强度值变大，说明信号强度变大，调节的方向正确，可以继续调节；如果强度值变小，说明信号强度变小，应该向相反方向调节。总之，反复调节至信号强度最大处。

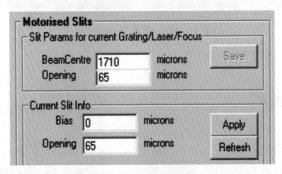

图 19-12　狭缝参数

资料来源：由雷尼绍公司授权。

狭缝和 CCD 区域调节好后，信号光路调节完毕。

（4）信号调节方法。

先将 Current Slit Info 中的 opening 开到 2000，这时运行实验，看有没有信号。若有信号，调节狭缝中心位置到最好，然后调节 CCD 区域至信号最好；若无信号，选择 CCD Area Definition 中的 Full Collect，运行实验，然后再运行 system configuration 中的 ready，这时 CCD Image 中的图像将会如图 19-13 所示。

图 19-13 中的亮点即信号所在区域，这时利用鼠标左键移动橙色方框至亮条区域，重新选择 Area only，然后点击 Apply the new area 键（CCD Area Definition 区域左侧方框按键）。重新运行实验，根据前面所述的狭缝和 CCD 区域的调节方法调节。

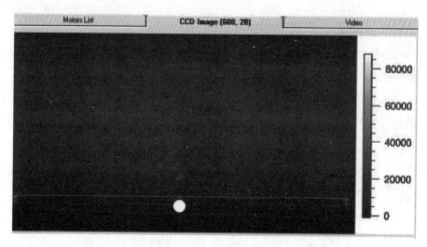

图 19 – 13　高共聚焦调节

资料来源：由雷尼绍公司授权。

【数据记录与处理】

记录 Si 的振动拉曼谱。

（1）要求完整记录振动拉曼谱，体验拉曼光谱的基本实验技术，认识拉曼谱的主要特点及其与分子结构的联系。

（2）拉曼光谱仪的外光路调节到使入射激光束铅垂地通过需要放置样品的中心，并且样品最佳地成像于单色仪入射狭缝。

（3）合适地调节信号接收系统的各项参数，使谱图的基线位于记录纸宽度的 1/10 ~ 1/8 处，而最强拉曼线的尖峰位于 2/3 ~ 3/4 处。调节单色仪的扫描速度，使谱线的轮廓对称和宽窄合适。

（4）实验报告要求记录所有实验参数，特别要标明狭缝的几何宽度和波长扫描范围；在谱图上把波长标度换成波数差标度，在各谱线峰尖处标出其波数差值；比较各谱线实测的相对强度，辨认各谱线对应的简谐振动类型。

【注意事项】

△ 光电指标是互相关联又互相制约的，应通过不断摸索找出最佳值。

△ 仪器可在一般照明条件下收集拉曼散射，但仍应避免强光直接照射，以免光噪声的增强。

△ 光电倍增管及其与单色仪出射狭缝接口处发生漏光是直接进入光电管的，应特别引起注意。

△ 尘埃会使光学部件性能变坏，尘埃产生的散射将严重增加光谱仪噪声，因而要保持实验室的洁净。

△ 拉曼分光计是精密的光学系统，因此要注意防震，工作时仪器外光路的门、盖要轻开轻闭。

【问题及反思】

1. 结合拉曼效应的原理来分析实验结果中每条谱线的意义。
2. 结合实验结果，做误差分析及错误总结。

实验二十

磁控溅射镀膜实验

【实验目的】

◇ 了解磁控溅射镀膜的基本原理和磁控溅射镀膜机的构造。

◇ 初步掌握磁控溅射镀膜机的操作流程与注意事项。

◇ 通过实验了解磁控溅射镀膜过程中的影响因素。

【实验仪器】

JCP – 500 磁控溅射镀膜仪

【实验原理】

磁控溅射是为了在低气压下进行高速溅射，通过在靶阴极表面引入磁场，利用磁场对带电粒子的约束来提高等离子体密度以增加溅射率的方法。

1. 定义

在二极溅射中增加一个平行于靶表面的封闭磁场，借助于靶表面上形成的正交电磁场，把二次电子束缚在靶表面特定区域来增强电离效率，增加离子密度和能量，从而实现高速率溅射的过程。

2. 原理

磁控溅射的工作原理是指电子在电场 E 的作用下，在飞向基片的过程中与氩原子发生碰撞，使其电离产生出 Ar 正离子和新的电子；新电子飞向基片，Ar 离子在电场作用下加速飞向阴极靶，并以高能量轰击靶表面，使靶材发生溅射。在溅射粒子中，中性的靶原子或分子沉积在基片上形成薄膜，而产生的二次电子会受到电场和磁场作用，产生 **E**（电场）× **B**（磁场）所指方向的漂移，简称 **E** × **B** 漂移，其运动轨迹近似于一条摆线。若为环形磁场，电子则以近似摆线形式在靶表面做圆周运动，它们的运动路径不仅很长，而且被束缚在靠近靶表面的等离子体区域内，并且在该区域中电离出大量的 Ar 离子来轰击靶材，从而实现了高的沉积速率。随着碰撞次数的增加，二次电子的能量消耗殆尽，逐渐远离靶表面，并在电场 E 的作用下最终沉积在基片上。由于该电子的能量很低，传递给基片的能量很小，致使基片温升较低。

磁控溅射是入射粒子和靶的碰撞过程。入射粒子在靶中经历复杂的散射过程，和靶原子碰撞，把部分动量传给靶原子，此靶原子又和其他靶原子碰撞，形成级联过程。在这种级联过程中，某些表面附近的靶原子获得向外运动的足够动量，离开靶被溅射出来。

3. 技术分类

直流溅射法要求靶材能够将从离子轰击过程中得到的正电荷传递给与其紧密接触的阴极，所以该方法只能溅射导体材料，不适于绝缘材料，因此对于绝缘靶材或导电性很差的非金属靶材，须用射频溅射法。

人们在 20 世纪 70 年代开发出了直流磁控溅射技术，其原理是：在磁控溅射中，由于运动电子在磁场中受到洛仑兹力，它们的运动轨迹会发生弯曲甚至产生螺旋运动，其运动路径变长，因而增加了与工作气体分子碰撞的次数，使等离子体密度增大，磁控溅射速率从而得到很大的提高，并可以在较低的溅射电压和气压下工作，降低薄膜污染的倾向；另外，也提高了入射到衬底表面的原子的能量，因而可以在很大程度上改善薄膜的质量。同时，经过多次碰撞而丧失能量的电子到达阳极时，已变成低能电子，从而不会使基片过热。因此，磁控溅射法具有"高速""低温"的优点。该方法的缺点是不能制备绝缘体膜，而且磁控电极中采用的不均匀磁场会使靶材产生显著的不均匀刻蚀，导致靶材利用率低，一般仅为 20% ~ 30%。

【实验内容和实验步骤】

1. 实验之前的准备工作

（1）安全须知。

在进入实验室之后，为保证实验人员的安全，实验步骤的规范，以及出于对仪器的保护，穿好实验服，戴口罩，手套，准备开始实验。

进行实验之前，检查实验仪器是否处于正常状态，包括：

①查看大型设备使用登记表，以及实验记录本，查看上次实验过程中是否有异常，上次实验日期及溅射材料，并做好使用登记。

②检查设备各线路、气路是否完好，供电、供水是否正常，各开关、阀门的位置有无异常，靶位是否正常，所有仪表电源开关处于关闭状态。

③检查真空室气路截止阀、充气阀是否关闭，检查真空室各接口螺栓是否拧紧。

④查看水冷机的水位及其各部分，包括分子泵、靶位的接口是否牢固，检查有无漏水现象。

⑤查看 Ar、N_2 气瓶是否处于关闭状态，查看气体余量。

（2）腔体清理。

①打开电脑，警报响约半分钟后停止。

②经以上检查确定仪器设备处于正常状态后打开仪器总电源、总供电，打开溅射室真空计，观察其真空度应在 50Pa 以下。关闭真空计，打开溅射室充气阀向溅射室腔体充入气体（先充入一定量的 N_2，然后可直接充入空气），听不到气流声后，再过 1～2min 后开启腔盖，按升降台控制按钮（非控制面板），溅射室上盖则缓缓打开。若升降台不工作，查看真空计是否为满度值。

③将样品平台（腔内部分）拆下来，将其与基片夹、挡板等放入被稀释的盐酸溶液中浸泡 10 分钟左右，然后用砂纸打磨每个部件，直到部件表面干净且呈金属光泽，再用去离子水冲洗干净。冲洗过后，将部件放入铺有铝箔的烘箱内干燥（干燥时间：半小时左右；温度：80℃）。等干燥完成之后，将部件取出，用酒精棉擦拭，然后用 N_2 吹干，经负责人检查合格后进行

安装。

④将腔体的内部包裹一层铝箔，防止原材料溅射到腔体内壁，难以清理，从而在其他材料溅射时成为污染源。

⑤将选好的靶材安装在相应的靶位上。必须保证靶材和腔体绝缘（利用万用表测试靶材与腔体之间的电阻，电阻在 $1M\Omega$ 左右表示没有短路），靶材表面与靶罩之间的距离最多不能超过 3mm，且越近越好。抽真空到 5Pa 左右时试一下能否起辉。换下来的靶材应立即真空封存。

⑥安装完毕后用吸尘器吸净腔体内杂质粉尘。

⑦检查无误后关闭腔体准备抽真空，进行接下来的实验。注意：此过程要保护好分子泵进气口，禁止杂质粉尘掉进分子泵。

（3）准备实验材料。

根据本次实验的内容选取相应的靶材。登记之后，确认无误方可使用。靶材在使用过后，将靶材以及配件用塑料袋抽真空，封装好，存放在真空皿中。

准备基片，将已经切割好的相应规格的基片进行清洗，基片清洗步骤如下：

①取一烧杯，加入清洗剂，将需要清洗的基片放入烧杯中，在超声波清洗机中清洗 5 分钟。

②将每片基片用镊子夹起，用无尘布擦拭，默认一面为正面，按自己的方式标记。擦拭完成之后，将清洗剂倒掉，并用去离子水冲洗干净。

③将基片放入装有去离子水的第二只烧杯中，在超声波清洗机中清洗 5 分钟。

④将基片取出，用氮气吹干。

⑤第三只烧杯倒入丙酮，将基片放入，超声 5 分钟。

⑥取出基片，放入装有乙醇的第四只烧杯中，超声 5 分钟（清洗 2~3 次）。

⑦洗完之后，将基片一片一片取出，用氮气迅速吹干，然后放入事先准备好的洁净基片盒中，正面朝上，真空封口后储存备用。

注意：

第一，整个实验过程要求戴手套。吹的过程中，气枪与玻璃表面成一定角度（大约30度）并戴口罩。

第二，在使用丙酮时，注意安全，穿实验服，规范操作并且戴橡胶手套。

第三，基片清洗完毕后尽量尽快使用，且不能翻转、震动样品盒，避免损伤基片。

2. 磁控溅射操作流程

（1）样品安装。

①将清洗好的基片从基片盒中取出，安装在基片夹上。

注意：整个实验过程要求戴手套、口罩。安装时，基片正面朝下，并根据需要选择性安装掩膜。同时，安装基片时要注意不能让基片的正面接触桌面，避免人手等污染源。

②安装好基片后，用气枪将基片上的灰尘吹掉，即可将基片夹放入样品室。

③将基片放好之后，关上样品室窗口，打开样品室电阻规，观察样品室气压，应该接近大气压强。

（2）开机抽真空。

①检查插板阀、旁抽阀、样品室和溅射室充气阀是否关闭，以及各部件的连接情况，如冷却水，电路、气路等。检查完毕，各阀门没有异常之后可以开始抽真空。

②打开"总电源"，为控制面板供电，打开"总供电"，为设备供电。接通电源之后，检查各指示灯是否正常，如果发生异常，寻找原因，保证实验正常进行。

③打开腔体真空计，观察电阻规的示数，此时气压应为接近大气压强。若上次实验后没有开盖，则打开真空计检查腔体内气压，一般正常应低于50Pa，若气压异常，则检查漏气部分，保证实验不受漏气的影响。

④开启机械泵，空转预热1min以上，手动打开旁抽阀。等到电阻规示数小于10Pa时，关闭旁抽阀，打开前级阀。

⑤抽气约1min后，打开分子泵，等分子泵满转（27000转）后，手动打开插板阀（拧到底再回拧一点）。真空优于10^{-2}Pa后，可开烘烤，一般设为150℃~160℃。

注意：

第一，在打开水冷机前检查水冷机水位，以及水管和分子泵连接是否牢固，确定无误后再打开水冷机。

第二，我们使用的分子泵加速时间应小于6min，即6min之内达到额定转速27000rpm。实验过程中应时刻留意分子泵的运行状况。

第三，当气压低于1Pa时（可设定），电离规自动开启，继续抽真空至实验要求本底真空度为10^{-4}Pa（电离规）。分子泵运行稳定后，可以对腔体进行适当的烘烤。

（3）溅射过程。

①真空到实验要求（10^{-4}Pa）真空度后，准备开始溅射。先检查仪器有无异常，靶位、挡板是否处在正确位置（挡板关闭）。

打开基片加热电源，为基片加热到指定温度。若样品选择室温溅射则省略此步骤。

具体操作：打开电源后，根据实验具体要求设定好程序，按下启动、运行按钮，开始运行程序。

②打开气瓶，开高压阀，略开低压阀。将流量计MFC1开至阀控档，调节相应流量计的示数到所需流量（如30.5sccm），打开气路的进气阀。

③通过手动调节插板阀将压强调至实验所需气压，一般为2Pa左右。

④起辉。导入事先编辑好的工艺，手动打开溅射电源，由上到下电源排布依次为：总控制电源、偏压电源、1号靶（直流靶）电源、二号靶（强磁靶）电源、三号靶（射频靶）电源。

具体操作：

直流溅射：开启直流源启动按钮，旋转电流调节旋钮调节电流、电压到实验要求数值（开启启动按钮时确保旋钮已旋在最小位置，通过调节电流来调节电压），观察到起辉现象后调节靶位到实验要求值，开始预溅射。

射频溅射：打开射频源，开始预热，当射频电源预热完成后，调节溅射功率和射频匹配，直至起辉成功。射频电源打开自动追踪，使驻波比控制在1.5以内。调节好靶位开始预溅射。

⑤开始溅射。若是刚换上的靶材则需要预溅射至少30min，预溅射结束

后开始溅射。在各项参数稳定的情况下打开挡板，从开挡板起开始计时，记录此时的实验参数。

注意：

第一，溅射开始后注意观察辉光有无异常、是否稳定。在使用直流源的时候，注意有两个直流源，应该弄清楚自己使用的是哪一个。

第二，溅射过程中，要定时（每5min一次）观察气流、气压、电流、功率、反射功率等各项参数是否是本次实验所需，保证参数不发生变化。

第三，在整个实验过程中，要定时（每10min）查看设备有无异常，需特别留意分子泵运行状况。

⑥完成溅射，停止溅射。

具体操作：关闭挡板，将射频源功率（或直流源溅射功率）调至最小，再关闭射频源（或直流源）。关闭气路的进气阀，将质量流量计打到关闭档，关掉MFC电源，关气瓶。将插板阀开到最大，关闭基片加热，继续抽真空20~30min，准备关机。

⑦关闭真空计、插板阀、分子泵，待分子泵转速低于8000转后，关前级阀、机械泵、各面板电源、总电源。实验结束。做好实验记录和设备使用登记。

（4）样品取出。

等温度降到100℃以下时，可以打开真空室。打开样品室充气阀（最好充入 N_2），使样品室达到大气压，然后关闭充气阀。打开真空室，将样品从基片夹上取下，放入洁净基片盒内，用样品袋真空封装好，写好编号，放入指定位置，待测试或下次实验（需测试样品应及时测试）。同时，在样品盒上注明样品成分及溅射参数。

3. 维护与保养

（1）保持仪器设备清洁，周围环境整洁。对仪器进行操作时必须戴手套。

（2）设备运行一段时间后，若真空度有下降现象，应及时检查各法兰密封口是否有螺钉松动现象，以便及时拧紧螺钉。

（3）遇有前级真空抽不上去时，除了要尽力排除前级管道及电磁阀的泄漏之外，还要检查机械泵是否油不够或油质变劣，定期查看油标，及时加注或更换新油。分子泵油标也要定期检查。

（4）真空室表面均经液体喷砂处理，禁用汗手或油污之物抚摸真空室外表面，并经常用纱布醮上石油醚或丙酮擦洗表面，保持表面的洁净美观。

（5）为防止大气泄漏可能引发事故，最好用氦质谱检漏仪定期检漏。

（6）真空室工作一段时间后，沉积到室壁及挡板上的膜层应及时清理。清理时一定要保护好分子泵抽口，防止金属膜掉进分子泵中。

（7）真空室照明用的碘钨灯在使用一段时间后，外表面膜层会不断增加，在影响照明效果时要及时更换。

（8）在大气压下尽量不要开真空计。

注意：

第一，磁控靶、分子泵工作时，一定要通水冷却。实验过程中应时刻留意分子泵的运行状况。分子泵停转后，应立即关闭冷却水，以避免泵内形成冷凝水。

第二，磁控溅射室暴露大气前一定要关紧插板阀，以免损坏分子泵，同时要关紧气路截止阀，以免气路受污染。

第三，在腔体内溅射完毕之后，样品可随炉冷却，真空室内温度≤60℃时再暴露大气。

第四，在镀膜完成后，磁控靶的冷却水不能立即停止，要等到靶表面冷却后再停止供应，防止靶被烧坏。

第五，严禁在插板阀一端是大气，另一端是真空的条件下打开插板阀，插板阀和旁抽阀一定不能同时开。

第六，打开机械泵抽大气时，旁抽阀要缓慢打开。

第七，突然停电时，所有电源要复位，过 5~7min 后，才能重新启动分子泵，重新给样品定位。

第八，系统由大气抽到低真空的过程中禁止开烘烤灯和照明灯，在真空度较高时，才可以烘烤。

第九，在取出或更换样品和靶材时，要注意真空室的清洁，同时要保证屏蔽罩与靶材之间的距离小于3mm，但是不能太近，要避免短路。

第十，气体用完需要更换时，换钢瓶后要清洗气路，质量流量计要开至清洗档。

第十一，在打开腔体时，注意通风，腔体内的气体对人体有害。

第十二，由于溅射过程会使得腔体外壁积累电荷，因此不要赤手接触腔体外壁，防止静电伤害。

实验二十一

振动样品磁强计（VSM）使用

磁性材料，一般指具有铁磁性或亚铁磁性并具有实际应用价值的磁有序材料。广义的磁性材料包括具有实用价值或可能应用的反铁磁材料或其他弱磁性材料。磁性材料种类很多，应用千差万别，磁特性参量也有很多，从技术应用角度出发，常关注材料的磁化曲线和磁滞回线。

振动样品磁强计（Vibrating Sample Magnetometer，VSM）是一种常用的磁性测量装置，利用它可以直接测量磁性材料的磁化强度随温度变化曲线、磁化曲线和磁滞回线，能给出磁性的相关参数，如矫顽力 Hc、饱和磁化强度 Ms 和剩磁 Mr 等。振动样品磁强计可用于材料研究和开发、质量控制及产品检测，完成对磁性材料的基本磁性能的测量和分析，可测量粉末、颗粒、片状、液体、块状等磁性材料。

通过本次实验，学习使用振动样品磁强计测量磁性材料的 M – H 曲线及某些特征量，进一步了解磁性材料的特性。

【实验目的】

◇ 掌握使用振动样品磁强计测量磁性材料磁特性的方法与原理。

【实验原理】

本实验采用北京泽天伟业科技有限公司生产的 BKT – 4500Z 型振动样品磁强计，Hmax $= 1.2 \times 10^4$Oe，可自由调节扫速和幅度。检测线圈采用全封闭型四线圈无净差式，具有较强的抑制噪声能力和高分辨性能。配备 EG&G 锁相放大器，经统调后 VSM 的最高灵敏度可达 5×10^{-5}emu。配备了高温装置（室温~500℃），以及低温装置（液氮温区~室温）。

振动样品磁强计测量原理为：将待测样品装在振动杆上放置于磁场中心，该样品等效为一个磁偶极子。振动杆带动样品振动，产生交变磁场，在探测线圈中产生交变的磁通量，进而产生感生电动势 ε，它与样品的总磁矩 μ 的关系为：$\varepsilon = K\mu$，其中 K 为比例系数，一般仪器校准后为常数。样品的总磁矩 μ 除以样品的体积 V 可得到磁化强度 M。因此，测量磁场 H 和总磁矩 μ 的关系，经过转换计算就可以得到被测样品的磁化曲线和磁滞回线。

磁滞回线表示磁场强度周期性变化时，强磁性物质磁滞现象的闭合磁化曲线。它表明了强磁性物质反复磁化过程中磁化强度 M 或磁感应强度 B 与磁场强度 H 之间的关系，是铁磁性物质和亚铁磁性物质的一个重要的特征，顺磁性和抗磁性物质则不具有这一现象。

如图 21 - 1 所示，磁性材料（包括铁磁性和亚铁磁性材料）样品从磁化强度 M = 0 开始，逐渐增大磁场强度 H，磁化强度 M 将随之沿 OAB 曲线增加，直至到达磁饱和状态 B，称为饱和磁化强度 Ms，对应的磁场强度 H 用 Hs 表示。继续增大 H，样品的磁化状态将基本保持不变，BC 几乎与 H 轴平行。OAB 曲线称为起始磁化曲线。

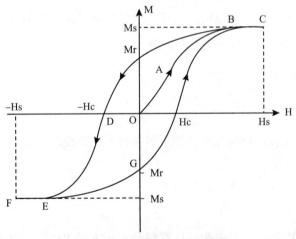

图 21 - 1　铁磁材料的磁滞回线

资料来源：谭伟石：《近代物理实验》，南京大学出版社 2013 年版。

之后减小磁化场，磁化曲线从 B 点开始并不沿原来的起始磁化曲线返回，这表明磁化强度 M 的变化滞后于 H 的变化，这种现象称为磁滞。当 H 减小为零时，M 并不为零，而等于剩余磁化强度 Mr。要使 M 减到零，必须加一反向磁化场，而当反向磁化场加强到 −Hc 时，M 才为零，Hc 称为矫顽力。矫顽力的大小反映了铁磁材料保存剩磁状态的能力。按矫顽力的大小把铁磁材料分成硬磁材料和软磁材料。

继续增大反向磁化场到 −Hs，样品将沿反方向磁化到达饱和状态 E，磁化强度饱和值为 −Ms。E 点和 B 点相对于原点对称。再使反向磁化场减小到零，然后沿正方向增加。样品磁化状态将沿曲线 EGB 回到正向饱和磁化状态 B。由此看出，当磁化场由 Hs 到 −Hs，再从 −Hs 到 Hs 反复变化时，样品的磁化状态变化经历着由 BDEGB 闭合回线的循环过程。曲线 OABDEGB 称为磁滞回线。

磁滞回线是由于铁磁性物质磁化过程中畴壁的移动和磁畴的转动而产生的，不同的铁磁质有不同形状的磁滞回线，不同形状的磁滞回线有不同的应用。例如，永磁材料要求矫顽力大，剩磁大；软磁材料要求矫顽力小；记忆元件中的铁心则要求适当低的矫顽力。为了满足生产、科研中新技术的需要，就要研制新的铁磁材料使它们的磁滞回线符合应用的要求。

居里点也称居里温度或磁性转变点，是指材料可以在铁磁体和顺磁体之间改变的温度，即铁磁体从铁磁相转变成顺磁相的相变温度。每种磁性材料居里温度皆不同，如纯铁的居里温度约 770℃，纯钴的居里温度约 1131℃，纯镍的居里温度约为 358℃。

【实验仪器】

VSM 系统主要组成部分包括电磁铁、振动系统、探测系统。除此之外，通常还包括用于小信号检测的锁相放大器、磁场检测的特斯拉计，以及控制采集数据的计算机系统等。

（1）电磁铁：提供均匀磁场。

（2）振动系统：带动样品杆以固定频率小幅度振动。

（3）探测线圈：检测感生电动势 ε。

（4）锁相放大器：由于待测样品体积较小，磁性微弱，因此在探测线圈中产生的感应电动势非常微弱，将这么微弱的信号从噪声中有效地采集出来，最好的方法是采用锁相放大器。锁相放大器是成品仪器，它能在很大的噪声讯号下检测出微弱信号。

（5）特斯拉计：采用霍尔探头测量磁场。

（6）X – Y 记录仪：锁相放大器以及特斯拉计的输出信号都是电压值，采用 X – Y 记录仪将探测线圈产生的感生电动势随磁场的变化记录下来。通常特斯拉计的输出接 X 轴，锁相放大器的输出接 Y 轴。振动样品磁强计所测出来的 M – H 图形是相对值的测定，需要知道磁性参数的绝对值还需要进行标定处理。标定时只要把测得的 M – H 图形与已知磁性参数的标准样品 M – H 图形进行比较，从测得的图形与标准样品图的比例关系就可得出待测样品磁性参数。

（7）VSM 设备介绍。

①主机开关。

②电源控制。

内控：用于检测磁场有没有，一般不用。

外控：测量时使用。

其他旋钮调至最大即可。

③振动系统：锁相放大器。

幅度：1V。

电流：0.3A。

④温控系统。

手动：M – T 曲线比较平滑。

自动：电压先调节在中间位置。

注意：不管是手动还是自动都需要加上电压。

磁场控制：在软件控制界面中设置。

降温曲线：使用液氮。

【实验内容和步骤】

1. 实验内容

测量磁性材料的磁滞回线。

2. 实验步骤

（1）主机开关。

（2）电源控制。

内控：不用。

外控：测量时使用。

其他旋钮调至最大即可。

（3）控制程序：界面打开。

①设定。

磁场控制：

最大磁场——"磁场扫描幅度/Oe"（"磁场扫描速度"越小越快）。

定制输出：测 M－T 曲线时，固定 H，输入值后"双击"。

注意：用完后"回零"。

程序控制：停振。

②放样品。

第一步，用纸包住样品粘在样品杆上。

石英杆：测居里温度。

怕样品氧化：用锡箔纸包住。

第二步，从上面放样品，注意与磁场的方向（薄膜样品平行磁场放置）。

③程序控制：起振。

参数设定："磁矩比例"设定为 1emu，即质量、体积、密度均为 1，测出"emu"，填上"M"。

（4）温控测试架。

①调节四个旋钮，卡在磁场里面。将样品杆提起来，测试架放好后再将样品杆小心的放置在里面。

注意：样品放置在从上往下 4cm 位置处。

②温控有手动和自动，都需加上"电压"。

③控制拨到降温，将氮气罐出口插入测试架（先放置好），将氮气罐的另一保护出口关闭。

注意：保护出口平时要开着；氮气罐中的氮气不能少于 1/4，一定要加满。

（5）测试结束可以进行"数据处理"，保存文件"∗.dat"文件。

（6）关机。

电源控制右侧关。

主机开关：顺序没有太严格的规定。

【数据记录与处理】

1. 完成实验报告：根据存储的数据使用绘图软件绘制磁滞回线。
2. 测量实验样品的矫顽力 Hc、剩磁 Mr、饱和磁化强度 Ms。
3. 测量磁性材料的热磁曲线，记录数据并分析。

实验二十二

精密阻抗分析仪使用

Agilent 4294A 精密阻抗分析仪可以对各种电子器件（元件和电路）以及电子材料和非电子材料的精确阻抗测量提供广泛的支持。它是对电子元件进行设计、鉴定、质量控制和生产测试的强有力工具。4294A 的优良测量性能和功能为电路的设计和开发以及材料（电子材料和非电子材料）的研究和开发提供了强有力的工具。

Agilent 4294A 精密阻抗分析仪是一种可以对元件和电路进行高效率阻抗测量和分析的综合测试仪器，凭借自动平衡电桥技术，在其所覆盖的测试频率范围内（40Hz～110MHz）基本阻抗精度可达到 ±0.08%。它拥有出色的高 Q/低 D 精度，适于对低损耗元件进行分析，较宽的信号电平范围也能在实际工作条件下对器件做出准确评估。在具体应用中，可选取不同的等效电路模型对待测器件进行全面分析，其丰富的测试性能可以满足用户的各种需求，以下是该测试仪表的几项重要参数：$|Z| - \theta$、$R - X$、$Ls - Rs$、$Ls - Q$、$Cs - Rs$、$Cs - Q$、$Cs - D$、$|Y| - \theta$、$G - B$、$Lp - G$、$Lp - Q$、$Cp - G$、$Gp - Q$、$Cp - D$、$|Z| - Ls$、$|Z| - Cs$、$|Z| - Lp$、$|Z| - Cp$、$|Z| - D$、$|Z| - Q$、$|Z| - Rs$、复合参数 $Z - Y$、$Lp - Rp$、$Cp - Rp$。

【实验目的】

◇ 熟悉 Agilent 4294A 精密阻抗分析仪的使用。

◇ 了解趋肤效应的原理。

◇ 了解电阻器的高频特性。

【实验原理】

Agilent 4294A 阻抗分析仪所采用的是自动平衡电桥技术（见图 22 − 1），可以将平衡电桥看作一个放大器电路，基于欧姆定律 V = I × R 进行测量。被测器件（DUT）通过一个交流源激励，它的电压就是在高端 H 监测到的电压。低端 L 为虚拟地，电压为 0。通过电阻器 R2 的电流 I2 跟通过被测器件（DUT）的电流 I 相等。因此，输出电压和通过被测器件（DUT）的电流成正比，电压和电流自动平衡，这也就是它名字的由来。

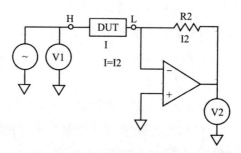

图 22 − 1   Agilent 4294A 阻抗分析仪自动平衡电桥

资料来源：由安捷伦科技有限公司授权。

$$V_2 = I_2 R_2 Z = \frac{V_1}{I_2} = \frac{V_1 R_2}{V_2} \qquad (22-1)$$

在实际应用中，为了覆盖更加大的频率范围，通常用一个 null-detector 和 modulator 来代替电路中的放大器。当然，这只是一个基本的测量原理电路，为了得到精确的结果，还有许多的附加电路。

1. 趋肤效应

直流电通过导线时，线的横截面积上各处的电流密度相等；而交流电通过导线时，导线横截面积上的电流是不均匀的。越是靠近导线中心，电流密度越小；越是靠近导线表面，电流密度越大。这种交变电流在导线内趋于导线表面的现象称为趋肤效应，也称表面效应或集肤效应（skin effect）。

如图 22 − 2 所示，电流 I 流过导体，在 I 的垂直平面形成交变磁场，交变磁场在导体内部产生感应电动势，感应电动势在导体内部形成涡流电流 i，涡流 i 的方向在导体内部总与电流 I 的变化趋势相反，阻碍 I 变化；涡流 i 的方向在导体表面总与 I 的变化趋势相同，加强 I 变化，这就导致趋近导体表面处电流密度较大。

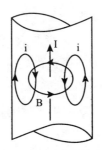

图 22-2　趋肤效应

资料来源：赵凯华、陈熙谋：《电磁学》，高等教育出版社 2016 年版。

　　电流的趋肤效应和电流的频率有关，电流频率越高，电荷就越向导体表层集中；电荷在导体表层下集聚的深度，称为趋肤深度。工程上的定义是从表面到电流密度下降到表面电流密度的 0.368（即 1/e）的厚度为趋肤深度或穿透深度 Δ：

$$\Delta = \sqrt{\frac{2k}{\omega\mu\gamma}} \qquad (22-2)$$

　　其中，μ 为导线材料的磁导率；$\gamma = 1/\rho$ 为材料的电导率；k 为材料电导率（或电阻率）温度系数。

　　一般磁性元件的线圈温度高于 20℃，在导线温度 100℃ 时，$\Delta = \dfrac{7.6}{\sqrt{f}}$，趋肤深度与频率平方根成反比。随着频率的增加，趋肤深度减小。

　　对于直径为 d 的圆导线，直流电阻 R_{dc} 反比于导线截面积。因趋肤效应使导线的有效截面积减少，交流电阻 R_{ac} 增加，当导线直径大于两倍穿透深度时：

$$\frac{R_{ac}}{R_{dc}} = \frac{\pi d^2/4}{\pi d^2/4 - \pi(d-2\Delta)^2/4} = \frac{(d/2\Delta)^2}{(d/2\Delta)^2 - (d/2\Delta - 1)^2} \qquad (22-3)$$

　　趋肤深度与频率的平方根成反比，随着频率的增加，趋肤深度减少，

R_{ac}/R_{dc}随之增加。导线的直流阻抗与导线的截面积有关，趋肤效应使导线的截面积减小；交流阻抗与通过电流的频率有关，频率越高，阻抗越大。

传输交流电流时，由于趋肤效应的影响，导致导线的等效电阻增加，损耗增大，因此对传输高频电流非常不利。根据此现象，在高频电路中采用空心导线节省有色金属，有时则用多股相互绝缘的绞合导线或编织线以增大导线的表面积来减小电阻，如收音机天线。

根据电流流过导体，产生热量，趋肤效应使电流趋于表面流动的特性，该现象可应用于金属表面热处理，通常称表面淬火。在一个感应线圈中通以高频交流电，线圈内部会产生频率相同的高频交变磁场，或将金属导体置于交变磁场中，只要交变磁场足够大、频率足够高，趋肤效应将导致导体表面温度迅速上升至淬火温度，之后迅速冷却金属导体，可使表面硬度增大。而导体内部的温度还远低于淬火温度，在迅速冷却后仍保持韧性。

2. 电阻的高频特性

低频电子学中最普通的电路元件就是电阻，它的作用是通过将一些电能转化成热能来达到电压降低的目的。

电阻器在高频使用时不仅表现有电阻特性的一面，还表现有电抗特性的一面，电抗特性反映的就是其高频特性。一个电阻 R 的高频等效电路如表 22 – 1 所示。其中，C 为分布电容，L 为引线电感（电阻两端的引线的寄生电感），R 为电阻。由于容抗为 $1/(\omega C)$，感抗为 ωL，$\omega = 2\pi f$ 为角频率，可知容抗与频率成反比，感抗与频率成正比。

表 22 – 1　　　　　　　　　　　　　　电阻等效电路

元件	理想模型	高频模型
电阻		

资料来源：栾华东、李道清：《高频电子线路》，华中科技大学出版社 2013 年版。

根据表 22 – 1，可以方便地计算出整个电阻的阻抗：

$$Z_R = j\omega L + \cfrac{1}{j\omega C + 1/R} \tag{22 – 4}$$

图 22 - 3 描绘了电阻的阻抗绝对值与频率的关系，低频时电阻的阻抗是R，然而当频率升高并超过一定值时，寄生电容会引起电阻阻抗的下降。当频率继续升高时，由于引线电感的影响，总的阻抗上升，引线电感在很高的频率下代表一个开路线或无限大阻抗。

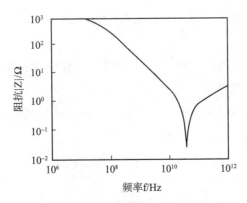

图 22 - 3　电阻的阻抗绝对值与频率的关系

资料来源：栾华东、李道清：《高频电子线路》，华中科技大学出版社 2013 年版。

【实验内容和步骤】

（1）所需仪器：Agilent 4294A 精密阻抗分析仪、16047E 夹具、被测物。

（2）安装夹具，打开电源。

（3）【Cal】-> ADAPTER -> NONE，选择分析仪工作在没有适配器的环境下。

（4）指定测量环境。

①初始化【Preset】。

②选择要测量的参数：【Meas】-> *** （如│Z│- D 等，这里可以根据你所要测量的量来选择，选择完成后在 A、B 两个通道中就会显示这两个参量的曲线）。

③设置扫描参数的频率【Sweep】-> PARAMETER［］-> FREQ，然后设置扫描方式 TYPE［］。这里根据所选择的参量不同会有不同的方式，如线型（LIN）、对数（LOG）等，【Start】【Stop】设置扫描范围，或者用【Center】

【Span】是一样的效果。

④【Source】设置频率（CW 频率），测试信号电平和直流偏置等。

⑤【Bw/Avg】–>BANDWIDTH ［］设定带宽。

（5）夹具校准与补偿。

①【Cal】–>FIXTURE COMPEN。

②将夹具的两电极开路，按 OPEN，当 OPEN on OFF 中的 on 大写时开路补偿完成。

③用短路器将两电极短路，按 SHORT，当 SHORT on OFF 中的 on 大写时短路补偿完成，然后移开短路器。

④如果需要更精确的补偿，可以选一个参数已知的器件，用上述方法进行负载补偿，一般情况下不需要。

（6）测量并观测结果，在这里可以根据不同的需要进行不同的操作。

①夹好被测器件。

②【A】激活 A 通道，【Format】选择一种显示格式，【Scale Ref】选择自动调整曲线显示为最适合当前窗口。

③【B】激活 B 通道，【Format】选择一种显示格式，【Scale Ref】选择自动调整曲线显示为最适合当前窗口。

（7）分析曲线数据。

①按【A】键激活 A 曲线。

②按【Search】键。

③按【SEARCH TRK on OFF】键打开追踪数值功能。

④按【MIN】键后可找到最小值。

⑤【Marker】标记一个点，并显示该点的数值，用旋钮可以改变。

（8）数据存储。

第一，可采用软盘插入 4294A 存储数据：

①插入软盘。

②按【Save】键。

③按【STORE DEV】键选择存储设备为软盘【FLOPPY】。

④按【DATA】键可以进而选择【BINARY】或【ASCII】存储数据。

⑤按【GRAPHICS】键可以对图表进行存储。

⑥存储文件名可通过旋钮控制 LCD 上显示的字母以及数字键盘的数字来命名，用［x1］结束命名。

⑦等待软盘左侧黄灯熄灭，即存储完毕，取出软盘。

第二，可将数据先存在 4294A，然后通过网线连接，用 FTP 的方式导出：

①按【Save】键。

②按【STORE DEV】键选择存储项为【FLASH MEMORY】。

③存储数据及图表如采用软盘中的④~⑥项描述。

④按【Local】键，选择 IP ADDRESS 后，依次操作如下：按 1st，输入［1］［9］［2］［x1］；按 2nd，输入［1］［6］［8］［x1］；按 3rd，输入［1］［0］［0］［x1］；按 4th，输入［3］［x1］；按 done。

⑤按【Local】键，选择 SUBNET MASK 后，依次操作如下：按 1st，输入［2］［5］［5］［x1］；按 2nd，输入［2］［5］［5］［x1］；按 3rd，输入［2］［5］［5］［x1］；按 4th，输入［0］［x1］；按 done。

⑥用网线将 4294A 与外部电脑连接，（例）设置电脑 IP 为 192. 168. 100. 1，掩码：255. 255. 255. 0。

⑦重启 4294A。

⑧打开电脑 IE 浏览器后，输入 ftp：//192. 168. 100. 3，与 4294A 取得联系，进入 nvram 文件夹下，可复制/剪切出所存储的文件。

第三，可采用 Intuilink 软件导出数据：

在安捷伦的官网下载软件 IntuiLink for Impedance Analyzers，Version 1. 0。

该软件可提供从 PC 应用软件至仪器的直接访问，不用编程即可轻松将数据和图表存储在 Microsoft Excel 或 Microsoft Word 中。

（9）关机。

【数据记录与处理】

1. 绘制测量样品 $|Z|$ 随频率的变化曲线。

2. 比较不同直径的长直导线的测量结果并进行分析。

3. 比较不同阻值的电阻器的测量结果并进行分析。

实验二十三

第一性原理方法计算模拟晶体结构

【实验目的】

◇ 了解计算所需输入文件。

◇ 优化晶体结构。

◇ 计算结合能。

【实验仪器】

服务器，VASP 程序包

【实验原理】

1. 第一原理方法

近十年，随着计算机技术的发展，基于密度泛函理论的第一性原理计算方法在凝聚态物理、材料、物理化学等学科中的应用十分普遍和活跃。其应用涉及晶体结构的优化、电子结构、掺杂效应、相变热力学、光、电等性质的计算。该方法是根据原子核和电子相互作用的原理及其基本运动规律，运用量子力学原理，从具体要求出发，经过一些近似处理后直接求解薛定谔方程，从根本上计算出分子（晶体）结构和预测物质的各种性质。

2. 结合能

结合能是几个粒子从自由状态结合成为一个复合粒子时所释放的能量。结合能数值越大，分子（原子或原子核）的结构就越稳定。例如：设由 n 个能量为 E_{single} 的孤立原子结合为能量为 E_{total} 的化合物，则其结合能可表示为：

$$E = (E_{total} - nE_{single})/n \qquad\qquad (23-1)$$

【实验内容和步骤】

本实验采用 VASP 程序包，对金刚石的晶体结构进行优化，并计算其结合能。主要涉及以下几步：

1. 开机和连接服务器

打开个人电脑，连接服务器。

2. 准备输入文件

（1）POSCAR：晶体结构文件。将服务器上已有的金刚石的晶体结构数据，输入到相应的 POSCAR 文件里，注意格式要正确。

（2）INCAR：设定计算所需参数，如对截断能 ENCUT、循环步数 NSW、优化方法 ISIF 等进行设置。

（3）KPOINTS：网格文件。优化过程中，对第一布里渊区进行布点。

（4）POTCAR：赝势文件。包含了计算中使用的每个原子的赝势。

3. 准备提交脚本文件

4. 提交任务，进行计算，获得优化后的结构和能量

5. 利用公式求金刚石的结合能

6. 退出服务器，关闭电脑，整理好仪器台

【数据记录与处理】

1. 计算中所设置的截断能为_____，最初的晶格常数_____。

2. 计算所得的金刚石的能量是_____，单个碳原子的能量是_____，结合能为_____。

【注意事项】

△ 只能在自己的文件夹下操作，请勿轻易删除服务器上的文件。

△ 提交脚本中服务器核数的设置要合理。

【问题及反思】

1. 第一原理计算的应用。
2. ISIF、ISYM 等参数的意义。

实验二十四

第一性原理方法计算晶体的电子结构

【实验目的】

◇ 画出晶体的能带结构和态密度图。

◇ 计算带隙大小，判断晶体导电性。

【实验仪器】

服务器，VASP 程序包 [1，2]

【实验原理】

1. 能带理论

能带理论是讨论固体（包括金属、绝缘体和半导体）中电子的状态及其运动的一种重要的近似理论。在固体中存在大量的电子，它们的运动是互相关联的，求这种多电子系统严格的解显然是不可能的。能带理论是单电子近似的理论，它把每个电子的运动看成是独立在一个等效势场中的运动；对于价电子而言，等效势场包括原子实的势场、其他价电子的平均势场和考虑电子波函数反对称而带来的交换作用。对于晶体而言，是一种晶体周期性的势场。能带理论认为晶体中的电子是在整个晶体内运动的共有化电子，并且共有化电子是在晶体周期性的势场中运动。结果得到共有化电子的本征态波函数是 Bloch 函数形式，能量是由准连续能级构成的许多能带，称为能带结构。能带结构反映了物质的多种特性，如导电性、光学性质等。

2. 态密度图

态密度是固体物理中的重要概念，即能量介于 $E \sim E + \Delta E$ 之间的量子态数目 ΔZ 与能量差 ΔE 之比，即单位频率间隔之内的模数，表示为：

$$N(E) = \lim \frac{\Delta Z}{\Delta E}/n \qquad (24-1)$$

【实验内容和步骤】

本实验采用 VASP 程序包，计算金刚石和石墨烯的能带结构和态密度。主要涉及以下几步：

1. 开机和连接服务器

打开个人电脑，连接服务器。

2. 静态和态密度的计算

准备以下文件：

（1）POSCAR：晶体结构文件。根据服务器上已有的金刚石的晶体结构构建相应的 POSCAR 文件。

（2）INCAR：设定计算所需参数。特别注意 NSW、LWAVE、LCHARG 等参数的设置。

（3）KPOINTS：网格文件。

（4）POTCAR：赝势文件。

提交任务，进行计算，获得态密度文件。

3. 设置高对称点，计算能带结构

根据服务器提供的高对称点文件，设置金刚石的高对称点，进行能带结构的计算。注意在 INCAR 设置中的 ICHARG 参数。

4. 计算金刚石的带隙

5. 重复步骤 2、3、4 进行相应的石墨烯的态密度和能带结构的计算

6. 退出服务器，关闭电脑，整理好仪器台

【数据记录与处理】

1. 计算中所设置的金刚石的高对称点为_____，石墨烯的高对称点为_____。

2. 计算所得的金刚石的带隙为_____。

【注意事项】

△ 高对称点设置的合理性。

△ 能带计算中 ICHARG = 11。

【问题及反思】

1. 思考晶体中高对称点的意义，在计算中通常如何设置。

2. ICHARG、NEDOS 等参数的意义。

参 考 文 献

［1］G. Kresse and J. Furthmuüller，Phys. Rev. B：Condens. Matter Mater. Phys. ，1996，54（16），11169 – 11186.

［2］G. Kresse and D. Joubert，Phys. Rev. B：Condens. Matter Mater. Phys. ，1999，59（3），1758 – 1775.

［3］陈泽民：《近代物理与高新技术物理基础——大学物理续编》，清华大学出版社 2001 年版。

［4］冯玉玲、汪剑波、李金华：《近代物理实验》，北京理工大学出版社 2015 年版。

［5］高铁军、孟祥省、王书运：《近代物理实验》，科学出版社 2017 年版。

［6］韩炜、杜晓波：《近代物理实验》，高等教育出版社 2017 年版。

［7］黄槐仁：《近代物理实验》，北京理工大学出版社 2019 年版。

［8］黄志高、赖发春、陈水源：《近代物理实验》，科学出版社 2012 年版。

［9］李保春：《近代物理实验》，科学出版社 2019 年版。

［10］李小云：《近代物理应用实验》，电子工业出版社 2023 年版。

［11］梁灿彬：《电磁学》，高等教育出版社 2021 年版。

［12］刘海霞、康颖：《近代物理实验》，中国海洋大学出版社 2013 年版。

［13］刘竹琴：《近代物理实验》，北京理工大学出版社 2014 年版。

［14］陆果、陈凯旋、薛立新：《高温超导材料特性测试装置》，载于《物理实验》2001 年第 5 期。

［15］栾华东、李道清：《高频电子线路》，华中科技大学出版社 2013 年版。

［16］马磊：《大学物理实验》，重庆大学出版社 2022 年版。

［17］马黎君：《普通物理实验》，清华大学出版社 2015 年版。

［18］潘正坤、杨友昌：《近代物理实验》，西南交通大学出版社 2014 年版。

［19］谭伟石：《近代物理实验》，南京大学出版社 2013 年版。

［20］王红岩、张国镇：《大学物理实验》，机械工业出版社 2021 年版。

［21］吴海飞、龚恒翔：《近代物理实验》，化学工业出版社 2023 年版。

［22］严密、彭晓领：《磁学基础与磁性材料（第二版)》，浙江大学出版社 2019 年版。

［23］杨序纲、吴琪琳：《应用拉曼光谱学》，科学出版社 2022 年版。

［24］张孔时、丁慎训：《物理实验教程：近代物理实验部分》，清华大学出版社 1991 年版。

［25］张力：《近代物理实验》，云南大学出版社 2008 年版。

［26］张子云、袁广宇、徐晓峰，等：《近代物理实验》，中国科学技术大学出版社 2015 年版。

［27］赵凯华、陈熙谋：《电磁学（第四版）》，高等教育出版社 2018 年版。

［28］郑建洲：《近代物理实验》，科学出版社 2017 年版。

［29］郑勇林、杨阔、葛泽玲：《近代物理实验及其数据分析方法》，电子工业出版社 2016 年版。

［30］钟双英、郭守晖、李寅：《普通物理实验》，科学出版社 2020 年版。